国家自然科学基金碳中和专项(42141012)资助
国家自然科学基金重点项目(41330638)资助
国家自然科学基金青年科学基金项目(42102207)资助

深部无烟煤超临界 CO_2 吸附机理与地质封存潜力评价

韩思杰　桑树勋　段飘飘　著

中国矿业大学出版社

·徐州·

内 容 提 要

深部不开采煤层 CO_2 地质封存是 CO_2 捕集、利用与封存(CCUS)的重要组成部分,也是煤炭行业实施碳减排的兜底保障技术之一,对实现我国碳中和国家战略目标具有重要意义。本书以沁水盆地 3# 无烟煤为主要研究对象,在全孔径尺寸无烟煤孔隙结构定量表征和模拟不同埋深条件煤层 CO_2 等温吸附实验的基础上,从分子相互作用层面探讨煤岩超临界 CO_2 吸附行为的温度与自由相密度控制机理;建立煤岩微孔填充-多分子表面吸附结合的超临界 CO_2 吸附模式;揭示埋深条件下 CO_2 超临界相态转化对吸附行为的控制作用;构建实际地层条件下的煤岩 CO_2 地质封存量计算模型;开展沁水盆地和郑庄区块 3# 煤层 CO_2 理论封存量和有效封存量的科学评价。

本书是一部系统阐述煤层 CO_2 地质封存机制与封存潜力评价的学术专著,可供从事煤基 CO_2 地质封存与地质利用、煤层气勘探开发的科技工作人员以及相关专业的大学生、研究生、教师阅读,也可供碳中和地质技术相关领域的工程技术人员参考。

图书在版编目(C I P)数据

深部无烟煤超临界 CO_2 吸附机理与地质封存潜力评价/
韩思杰,桑树勋,段飘飘著. —徐州:中国矿业大学出
版社,2023.6
  ISBN 978 - 7 - 5646 - 5425 - 2

  Ⅰ. ①深… Ⅱ. ①韩… ②桑… ③段… Ⅲ. ①煤层—
储集层—二氧化碳—收集—资源潜力—资源评价 Ⅳ.
①P618.11

中国版本图书馆 CIP 数据核字(2022)第 098252 号

书　　名	深部无烟煤超临界 CO_2 吸附机理与地质封存潜力评价
	SHENBU WUYANMEI CHAOLINJIE CO₂ XIFU JILI YU DIZHI FENGCUN QIANLI PINGJIA
著　　者	韩思杰　桑树勋　段飘飘
责任编辑	张　岩
出版发行	中国矿业大学出版社有限责任公司
	（江苏省徐州市解放南路　邮编 221008）
营销热线	(0516)83884103　83885105
出版服务	(0516)83995789　83884920
网　　址	http://www.cumt.com　E-mail:cumtpvip@cumt.com
印　　刷	苏州市古得堡数码印刷有限公司
开　　本	787 mm×1092 mm　1/16　印张 13　字数 255 千字
版次印次	2023 年 6 月第 1 版　2023 年 6 月第 1 次印刷
定　　价	58.00 元

（图书出现印装质量问题,本社负责调换）

前　言

　　以 CO_2 地质存储与 CH_4 强化开采技术（CO_2-ECBM）为关键实施工艺的深部不可采煤层 CO_2 地质封存技术兼顾能源高效勘探开发与"2030 碳达峰，2060 碳中和"国家战略，极具发展潜力。我国煤层气产业经过十余年商业化开发已经初具规模，但与美国、澳大利亚等煤层气勘探开发大国相比，我国煤层气产业发展较慢，2019 年我国地面煤层气年产量 54.63 亿 m^3，远低于"十三五"规划中设定的 100 亿 m^3 的目标，造成我国煤层气产业发展缓慢的关键原因是单井产量低，我国煤层气生产井平均单井日产气 1 000 m^3 左右，约 35％投产井日产气低于 500 m^3。CO_2-ECBM 是一种已被国内外煤层气开发工程证实的高效绿色的煤系非常规天然气开发技术，不仅能有效提高单井的 CH_4 采收率，还能同时起到 CO_2 地质封存的作用，是兼顾我国能源高效开发与碳中和双重国家战略的重要途径。随着我国碳中和战略的提出，CCUS（Carbon Capture，Utilization and Storage，碳捕集、利用与封存）技术被赋予了新的时代使命，作为碳中和国家战略的兜底保障技术，能够有效保证我国能源结构从化石能源为主向可再生能源为主的平稳过渡。CCUS 大规模实施的前提是地质可容纳空间性质与可容纳能力满足要求，而 CO_2 地质封存决定了 CCUS 集群化部署方向与潜力。能够作为 CO_2 地质封存的目标地质体有很多，如目前工程实施最为成功的油气藏和封存潜力最大的咸水层等。深部不可采煤层 CO_2 地质封存作为 CO_2 地质封存的重要组成部分，是含煤盆地与煤炭产区的关键碳去除技术，能够有效降低我国以化石能源为基础的碳排放强度，助力国家碳中和战略目标实现。

本书以沁水盆地为重点研究区域,以 $3^{\#}$ 无烟煤为研究对象,重点关注 CO_2-ECBM 过程中的 CO_2 地质封存机制与潜力评价方法,开展系统的无烟煤全尺寸孔隙结构量化表征与不同温度压力条件下亚临界-超临界 CO_2 等温吸附实验,揭示煤岩超临界 CO_2 吸附过程中温度与自由相密度对多分子层吸附的控制机理;建立煤岩超临界 CO_2 吸附的微孔填充+多分子层表面覆盖的综合模式;阐明了地层条件下超临界 CO_2 等容线对煤岩超临界 CO_2 吸附行为的影响;探究吸附封存、静态封存、溶解封存和矿化封存机制,建立煤岩 CO_2 理论封存量与有效封存量评价模型;应用煤岩 CO_2 地质封存量评价模型估算了沁水盆地和郑庄区块 $3^{\#}$ 煤储层 CO_2 理论封存量和有效封存量。重点阐明了深部煤储层条件下无烟煤超临界 CO_2 吸附机理,构建了基于等温吸附实验的不同地层条件下煤层 CO_2 地质封存潜力评价方法。研究结果为我国开展深部不可采煤层 CO_2 地质封存选址与可行性评价研究提供了科学依据,对促进我国煤基碳中和地质科学与工程技术发展具有积极意义。

实验测试工作由中国矿业大学煤层气资源与成藏过程教育部重点实验室、江苏省煤基温室气体减排与资源化利用重点实验室、现代分析测试中心、国际煤地质学研究中心、河南理工大学、贵州省煤田地质局实验中心、北京市理化分析测试中心、河北省区域地质调查院实验室等单位协助完成。美国塔尔萨大学 Jingyi Chen 教授、俄克拉荷马州立大学 Jack Pashin 教授,中国石油大学(华东)陈世悦教授,河南理工大学张小东教授,中国矿业大学冯启言教授、王建国教授、姜波教授、朱炎铭教授、王文峰教授、申建教授在选题、研究与成文过程中给予了慷慨指导,课题组周效志副教授、黄华州副教授、刘世奇研究员、王冉副教授在采样测试、实验模拟和理论研究过程中提供了无私帮助。课题组研究生协助完成了样品采集、实验测试与文字处理等工作。值此付梓之际,谨向以上单位、专家和同学表达深深的谢意。

研究工作受到国家自然科学基金重点项目"深部煤层 CO_2 地质封存与 CH_4 强化开采的有效性理论研究"、国家自然科学基金碳中和专项项目" CO_2 地质封存潜力与能源资源协同理论方法体系及其应用基础"、国家自然科学基金青年科学基金项目"煤岩注入 CO_2 吸附置换 CH_4 过程与机理的模拟研究"等项目以及国家留学基金委公派留学生项目、中国矿业大学英才培育项目、江苏省煤基温室气体减排与资源化利用重点实验室鹏程尚学教育基金、中国矿业大学煤层气资源与成藏过程教育部重点实验室开放基金等的资助，这里一并表示由衷感谢。

由于作者水平有限，书中不当之处恳请读者不吝赐教。

著　者

2022 年 4 月

目　　录

1 绪 论

1.1 研究背景和意义

1.1.1 研究背景

近年来,人为因素导致的碳排放持续增长造成的全球变暖已经成为当前最为严重的环境问题之一。2018 年全球 CO_2 排放总量为 371 亿吨,中国的 CO_2 年排放量大于美国与欧盟的和(图 1-1),2017 年已经达到全球总 CO_2 排放量的 27%,其主要的碳来源是大量燃烧的化石能源(Le Quéré et al.,2018)。

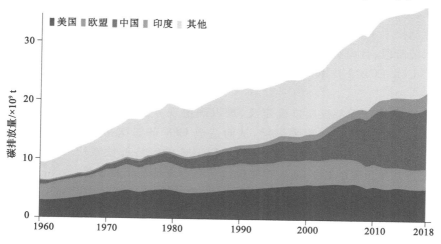

图 1-1　全球碳排放量与各主要碳排放国家碳排放统计(Le Quéré et al.,2018)

CO_2 是地球大气中的主要温室气体,超量排放 CO_2 会导致全球气温变暖,进而产生海平面上升、极端天气频发、粮食减产、传染病流行等一系列生态和社会问题。例如大气中 CO_2 浓度已经从 19 世纪中期的 280 ppm(10^{-6})增长到

2019 年的 411 ppm,造成全球平均气温增高了近 1 ℃(NASA,2019),因此限制温室气体的排放甚至短期内减少温室气体排放量成为遏制全球变暖最为有效的手段(Dalgaard et al. ,2011;Tolón et al. ,2012)。CO_2 地质存储及资源化利用是目前最为直接有效的减少碳排放的手段,成为国内外关注的重点(Bachu et al. ,2007;Lackner,2003;李小春 等,2007;Benson et al. ,2008;Goodarz et al. 2012;Aminu et al. ,2017;桑树勋,2018)。

煤层是一种具有双重孔隙特征的多孔介质,由于具有较强的 CO_2 吸附能力,能够在地质时间尺度上达到长期封存 CO_2 的目的,因而成为 CO_2 封存的潜在地质体(Arri et al. ,1992;Reeves,2004;吴建光 等,2004;张洪涛 等,2005;Basanta,2008)。

由于 CO_2 相对于 CH_4 存在显著的竞争吸附优势(唐书恒 等,2002;Siemons et al. ,2007),向煤层中注入 CO_2 能够有效地置换煤层中的 CH_4,从而达到高效开发煤层气的目的,该技术称为 CO_2 地质存储与 CH_4 强化开采(CO_2-ECBM)。CO_2-ECBM 技术不仅能够达到 CO_2 地质封存的目的,而且 CH_4 的高效开发产生的经济效益能够很好地抵消 CO_2 注入工程所需要的高成本,因此极具前景(Gale et al. ,2001;Godec et al. ,2014;桑树勋,2018)。

CO_2-ECBM 融碳减排与煤层气高效开发为一体,既保障了我国对能源的巨大需求,又满足了我国对全世界温室气体减排的承诺,是经济、环保、高效的 CO_2 地质存储技术手段。然而与成熟的 EOR 工程实施相比,ECBM 尚处于试验及工程示范阶段,且尚有很多瓶颈尚未突破,这是因为:

① CO_2-ECBM 技术的工程难度大,受限于区域地质特征很难在全球范围推广。

② 目前尚无深部煤层准确定义,难以确定现今实施 CO_2 地质存储的目标地层是否会在未来变为可采煤层,从而造成 CO_2 的二次排放(Reeves,2009)。即便如此,世界范围内广泛发育的煤层、ECBM 的经济补偿效应和大量的煤层气勘探开发井为煤层 CO_2 地质存储提供了有力支持和工程保障。

我国埋深大于 1 000 m 的煤层中煤层气资源量约为 23×10^{12} m^3,占全国煤层气资源量的 61%,开发潜力巨大(Qin et al. ,2018),这些煤层普遍具有高煤级与低渗透率的特征,直接开发难度较大,而 CO_2-ECBM 是一种有效的强化开采煤层气的方式(Fokker et al. ,2004;Damen et al. ,2005;周来 等,2017;Zhou et al. ,2013;Pashin et al. ,2015)。沁水盆地开展的 CO_2-ECBM 示范性工程亦证实了其良好的应用前景(Pan et al. ,2018),例如沁水南部 TL-003 井和 SX-001 井在 CO_2 注入后产气量是原来的 2～2.45 倍(叶建平 等,2012;2016)。

针对以上问题和原因,本书依托国家重点研发计划项目课题(2018YFB0605601)"不同煤阶煤质及地质条件对 CO_2 驱煤层气的影响规律研究"和国家自然科学基金重点项目(41330638)"深部煤层 CO_2 地质存储与 CH_4 强化开采的有效性理论研究",以沁水盆地深部无烟煤储层的温、压、水条件为基础,以自主开发的"模拟高温高压煤储层条件的 CO_2/CH_4 等温吸附仪"为主要模拟平台,开展模拟不同温度压力条件下的干/平衡水煤样 CO_2/超临界 CO_2 吸附实验,模拟埋深条件下平衡水煤样 CO_2/超临界 CO_2 吸附实验,煤全尺度孔隙结构参数测试,重点关注超临界条件下的多分子层吸附过程与由此产生的不同孔隙内差异性吸附行为,揭示埋藏条件下超临界 CO_2 吸附过程受控于超临界等容线(supercritical isochore)的变化规律,进而从理论上提出超临界 CO_2 吸附能力计算模型;其次构建单位质量煤体 CO_2 地质封存量计算模型;最后选取沁水盆地和郑庄区块 $3^{\#}$ 煤储层并建立地质模型对超临界 CO_2 地质存储潜力进行评价,为我国深部不可采煤层实施 CO_2-ECBM 工程探索提供科学的理论依据。

1.1.2 研究意义

本书针对沁水盆地深部无烟煤储层超临界 CO_2 吸附机理与 CO_2 地质封存能力等问题进行探讨,拟重点解决 CO_2-ECBM 中的超临界 CO_2 吸附机理与基于孔隙选择效应的超临界 CO_2 吸附模型,并以此为基础综合考虑多种封存形式,构建深部无烟煤储层超临界 CO_2 地质封存量计算模型。

(1) 以不同条件的超临界 CO_2 吸附实验为基础,分析超临界 CO_2 吸附作用的多分子层吸附过程,指出埋深条件下煤中超临界 CO_2 吸附行为的差异,并提出基于不同孔隙尺度的超临界 CO_2 吸附模型,从理论上解释了深部煤层超临界 CO_2 吸附机理。

(2) 通过无烟煤储层 CO_2 吸附模拟实验,特别是超临界 CO_2/CH_4 吸附实验,揭示超临界 CO_2/CH_4 吸附机理,构建超临界 CO_2 吸附模型,建立无烟煤储层 CO_2 地质封存量计算方法,为 CO_2-ECBM 后续的工程实践与地质选区提供理论基础,指导 CO_2 注入及 CH_4 生产工作。

(3) CO_2 地质封存与 CH_4 强化开采融合了环境科学与能源科学而形成新的交叉学科方向,本书内容涉及的封存机制阐释了煤中超临界 CO_2 吸附机理,埋深条件下 CO_2 吸附过程的变化规律以及多种封存类型下煤储层封存量多少的科学问题,为 CO_2-ECBM 地质选区与容量评价提出理论指导。

1.2　国内外研究现状与存在问题

1.2.1　CO₂-ECBM 工程

20 世纪 90 年代初,Puri 和 Yee(1990)首次提出了注入 CO_2、N_2 等气体强化 CH_4 开采的概念,经过多年的实验及工程探索,CO_2-ECBM 技术取得了可喜的进展,北美和欧洲等国率先开展了 CO_2-ECBM 技术的先导性实验,该技术总体上处于工程研究阶段,国内该技术尚处于微型示范工程模拟研究阶段(表 1-1)。早在 20 世纪末,美国圣胡安盆地的 Burlington Allison 试验区首次进行了 CO_2-ECBM 的工程试验(Gunter et al.,2004)。2001 年欧盟在波兰启动了欧洲第一个 CO_2-ECBM 先导性实验示范项目 RECOPOL,目前仍在进行注入后的运移监测研究(Bergen et al.,2009)。2004—2005 年,由日本政府与公司共同实施并开展 CO_2-ECBM 实验室研究、先导性实验、野外监测、模拟计算和评价(Yamaguchi et al.,2006)。Yamazaki 等(2006)基于 CH_4 和 CO_2 吸附动力学模型评价了日本国内煤层处置 CO_2 的潜力,发现北海道岛的煤层处置能力最大,占煤层可处置 CO_2 量的 50%,九州岛和三池有明海次之,分别占可处置量的 14% 和 13%。此外,其他国家也先后开展了含煤盆地 CO_2 存储量的评估,在加拿大阿伯塔沉积盆地煤层中 CO_2 储存能力可达 10 Gt(Gunter et al.,1998)。Hamelinck 等(2002)在 Zuidim-burg 进行了 ECBM 技术及 CO_2 的地质处置的现场试验,并对荷兰的 Achterhoek 等四个煤层气产区的 CO_2 地质处置能力进行了评价,结果表明 CO_2 年存储量为 $5.4 \times 10^7 \sim 9.0 \times 10^9$ t。Faiz 等(2007)评估了澳大利亚悉尼盆地南部地区烟煤的 CO_2 封存量,认为 CO_2 地质封存量小于理论 CO_2 最大吸附量。Kapila 等(2011)认为 CO_2-ECBM 工程在印度极具前景。

1.2.2　CO₂-ECBM 相关的吸附作用

(1)等温吸附实验及吸附量计算方法

压力法是目前应用最为广泛的测定气体吸附量的方法(Busch et al.,2003;Li et al.,2010),实验原理图见图 1-2(a),实验开始前需要用不可吸附气体(氦气)测定含有样品缸的体积 $V_空$,氦气的密度由真实气体状态方程计算得到。对于等温吸附实验来说,自由体积 $V_空$ 乘以该压力点下的气体密度即得到未发生吸附的气体质量,吸附气体的密度同样由真实气体状态方程得到,过剩气体质量为进入样品缸气体的质量减去样品缸自由空间气体质量[式(1-1)]。

表 1-1　世界主要 CO₂-ECBM 工程实施概况（Pan et al., 2018）

工程位置	注入时间	CO₂ 注入量	井口布置/监测手段	国家
柿庄南煤层气区块 ECBM 工程,沁水盆地	2004.4~2004.6	192 t/13 d	单井间歇式/压力、水化学、气体组分	中国
柿庄北煤层气区块 ECBM 工程,沁水盆地	2010.4~2010.5	233.6 t/17 d	单井间歇式/压力、气体组分	中国
柳林煤层气区块 APP ECBM 工程,鄂尔多斯盆地东缘	2011.9~2012.3	460 t/70 d	多分支水平注入井 1 口;监测井 1 口/ U 型管系统示踪	中国
柿庄北煤层气区块多井组注入工程,沁水盆地	2013~2015	4 491 t/460 d	注入井 3 口,生产井 8 口/瞬变电磁、水样	中国
Allison 试验区,圣胡安盆地	1995.4,2001.8	336 000 t	注入井 4 口,生产井 16 口,压力监测井 1 口	美国
Pump 峡谷,圣胡安盆地	2008.7~2009.8	16 699 t	注入井 1 口,生产井 3 口	美国
Tanquary 农场试验,伊利诺伊盆地	2008 年夏	92.3 t	注入井 1 口,监测井 3 口	美国
Virginia,阿巴拉契亚盆地中部试验	2009.1.15~2009.2.9	约 900 t	注入井 1 口,生产井 7 口	美国
褐煤区块有效性试验,威利斯顿盆地·北达科达州	2009.3	90 t/16 d	注入井 1 口,监测井 4 口	美国
黑武士盆地,阿拉巴马州	2010.6~2010.8	225 t	注入井 1 口,水力压裂,监测井 3 口	美国
Marshall 县,阿巴拉契亚盆地北部,西弗吉尼亚	2009.9~2013.12	4 500 t	水平注入井 2 口,相邻生产井若干	美国
Buchanana 县,阿巴拉契亚盆地中部,弗吉尼亚	2015.7~2015.8	1 470 t	注入井 3 口	美国
FBV 4A 微型先导试验工程,Fenn, Big 区,阿尔伯塔	1998	201 t	注入井 1 口	美国
CSEMP, Alder Flats,阿尔伯塔	2006.6	2 次注入,注入量未知		加拿大
RECOPOL, Kaniow 区,卡托维兹南	2004.8~2005.5	692 t	注入井 1 口,生产井 1 口	波兰
Yubari,Ishikari 盆地	2004~2007.9	约 800 t	注入井 1 口,生产井 1 口	日本

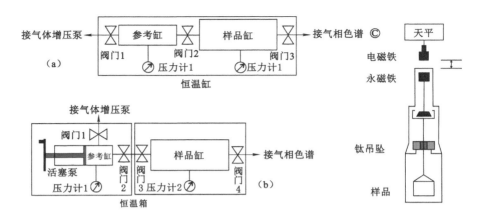

图 1-2 等温吸附实验装置

(a) 压力法；(b) 体积法；(c) 重力法(Busch et al.，2011)

体积法的原理与压力法相似,不同的是直接测量参考缸中体积的变化(Ozdemir et al.，2003；Fitzgerald et al.，2005),实验原理见图 1-2(b),开始测试前同样需要用氦气测量样品缸的体积。实验的加压是通过持续压缩活塞泵体积达到实验压力的,样品缸中气体的压入量取决于活塞泵体积的变化。相较于压力法,体积法能够保证样品缸始终保持在实验设计的压力点,而压力法则取决于最后的平衡压力,由于吸附作用,显然平衡压力是小于设计压力的。样品吸附的气体质量为活塞移动注入的气体减去未吸附气体质量[式(1-2)]。

目前重力法的应用并不普遍,这是一种不依赖于真实气体状态方程的测量方法(And et al.，2006；Pini et al.，2010)。实验原理是测试吸附剂在吸附前后的重力变化,同时校正样品缸内吸附剂的浮力从而得到精确的吸附气体的质量,见图 1-2(c)。重力法的优势在于可以直接获得气体的质量而不通过状态方程(EOR)的计算,特别是针对混合气体等温吸附实验中无法准确获得混合气体压缩因子或密度的不足,可以减少压缩因子、压力等造成的系统误差,极大提高实验精度(Sakurovs et al.，2009)。通过测量吸附前后样品的质量,除去浮力的影响即得到样品吸附的气体质量[方程(1-3)]。

$$m_{过剩}^{气体} = \sum_{i=1}^{N} V_{参考缸} \times [\rho_i^{气体}(P_i,T) - \rho_{i-1}^{气体}(P_{i-1},T)] - V_{空}^0 \times \rho^{气体}(T,P)$$

$$(1-1)$$

$$m_{气}^{吸附} = \left(\frac{P\Delta VM}{ZRT}\right)_{泵} - \left(\frac{PV_{空}M}{ZRT}\right)_{样品缸}$$ $$(1-2)$$

$$m_{过剩}^{气体} = m_{测试}(T,P) - m_{原始}^0 + V_{样品}^0 \times \rho_{气体}(T,P)$$ $$(1-3)$$

其中,m 为吸附气体的质量,P 为实验压力,T 为实验温度,i 代表第 i 次注气过程,M 是气体的摩尔质量,Z 是气体的压缩系数,R 是通用气体常数,ΔV 是活塞泵变化体积,$V_{空}$ 是样品缸自由体积。

（2）煤吸附 CO_2/CH_4 的影响因素

① 温度

众所周知,吸附是放热过程,因此吸附能力随着温度的升高而降低（Sircar,1992）。吸附与温度的负相关关系是由于高温使得气体分子的活性增强,气体在自由态比吸附态更为稳定。Levy 等（1997）和 Bustin & Clarkson（1998）认为,在甲烷的吸附过程中吸附能力随着温度的升高呈线性降低。随后许多学者都发现吸附量随温度升高而降低的规律,然而降低程度随温度增加而变快（Sakurovs et al.,2008；Crosdale et al.,2008；谢振华 等,2007；张天军 等,2009；蔺亚兵 等,2012）。从分子热动力学来解释是因为温度升高加快了气体分子的热运动速度,降低了气体分子的黏度,气体分子获得的动能增加,从而更加容易从煤体表面脱逸出来；相反的,解吸则是随着温度升高而变得更为容易。

② 水分

水分子是极性分子,相对于 CH_4、CO_2 能够优先占据吸附点,从而降低气体的吸附能力,因此 CH_4 和 CO_2 的吸附能力严格受控于水分含量。煤岩含水量存在一个平衡水含量,在该含量到达之前吸附量随水分子含量增加而减小,超过这个临界值,吸附量基本保持一致（Joubert et al.,1973；Day et al.,2008a；降文萍 等,2007b）。Day 等（2008）通过对澳大利亚和中国烟煤的研究发现一个水分子可以替换 0.3 个 CO_2 分子、0.2 个 CH_4 分子。赵东等（2014）从动力学的角度分析了水分对吸附特性的影响。聂百胜等（2004）从微观的角度分析了水分吸附的氢键和分子间作用力的关系。桑树勋等（2005b）发现注水煤样相对于干燥煤样和平衡水煤样具有更大的朗缪尔（Langmuir）体积和压力,提出用注水煤样代替平衡水样等温吸附实验的方法。

③ 煤级

不同煤级对吸附能力的影响已经取得了共识,但是如何影响,影响程度多大仍存在争议,钟玲文等（1990）通过干煤样的等温吸附实验,认为 Langmuir 体积在中低煤级中随煤级增加而增加,在最大镜质组反射率为 4.0% 时达到最大。张群（1999）在平衡水条件下得到煤级与吸附能力呈正相关的结果；Prinz 等（2005）在综合干湿煤样的实验基础上也得到类似结论,干煤岩煤级与吸附能力呈抛物线关系,平衡水样呈轻微的线性增加。Laxminarayana 等（2002）通过对印度中低煤级（0.62%～1.46%）的实验表明,对于干煤样吸附能力与煤级呈二次多项式关系,平衡水煤样呈线性增加。Levy 等（1997）认为在吸附能力随煤级的变化过程中,吸附量的最小值与煤级跃变有关。Bustin 等(1998)却认为吸附量在总体上与煤级的变化关系不明显。张新民等(2002)在分析了系列煤级的干湿煤样的基础上,从煤岩孔隙结构和水分含量方面解释了这种煤级与吸附量的变化关系。苏现波等(2005)在研究煤级与吸附能力的关系时,将吸附速率的变化分为四个阶段,并从煤体结构等角度解释了这一现象的原因。Saghafi 等(2007)通过煤岩的 CO_2 吸附认为,煤级对 CO_2 同样具有相似的影响关系,然而不足的是其实验最高压力仅仅达到 5 MPa。

④ 其他影响因素

除上述三种吸附能力的主要影响因素以外,还有煤岩显微组分、灰分、煤体结构等多种影响因素,这也决定了煤岩的吸附行为不是简单的物理吸附,煤岩具有不均一性(组分,孔隙类型)以及煤储层复杂的特性,这都决定了煤岩吸附能力的复杂性。煤岩显微组分与吸附量的关系复杂,Lamberson 等(1993)认为最高的吸附量是在高镜质组或者镜质组丝质组混合的样品中;钟玲文等(1990)认为烟煤中显微组分丝质组的吸附量大于镜质组;对于同一煤级亮煤的 CH_4 吸附能力大于暗煤的(Mastalerz et al.,2004);Chalmers 和 Bustin(2007)通过观察得到在高煤级中吸附能力与显微组分的关系更为密切。一般来说,灰分与吸附能力呈负相关关系(Bustin et al.,1998;Laxminarayana et al.,2002;Faiz et al.,2007)。Clarkson 和 Bustin(2000)对不同灰分的煤进行了等温吸附的对比实验,结果表明吸附量随灰分增加而减小。煤体结构包括粒度、孔隙结构等,张晓东等(2005)通过不同粒度实验发现,干燥煤样粒度仅仅影响吸附时间,而平衡水煤样粒度既影响吸附时间也影响 Langmuir 压力;孟召平等(2015)通过不同煤体结构等温吸附实验认为,煤体破坏程度越大饱和吸附量越大,这是由煤的孔体积和比表面积的增大导致的;李子文等(2014)分析了煤样孔径分布与吸附解吸特征的关系,认为吸附作用主要发生在微孔段。

(3)过剩吸附与绝对吸附

CH_4 和 CO_2 在煤样中的过剩吸附量是指不占据一定吸附相空间的吸附气量(Fitzgerald et al.,2006)。气体在吸附剂表面(煤)发生单层或者多层的分子吸附作用,从而形成比气相密度高得多的吸附相密度,在高压吸附过程中这种现象更为明显,吸附相密度不能够被忽视(Sircar,1999;Li et al.,2010;Busch et al.,2011),如图 1-3 所示。研究煤吸附高压气体的过剩吸附量和绝对吸附量的关系,目前最常用的绝对吸附量由过剩吸附量计算而来,这就需要确定吸附相的密度,大多数学者用液化气在沸腾时的密度来近似代替吸附相密度(CO_2:1 278 kg/m³;CH_4:423 kg/m³,Dreisbach et al.,1999;Harpalani et al.,2006),对于 CO_2 吸附来说,煤岩吸附 CO_2 之后会发生体积膨胀,而由于煤基质表面的不均一性导致这种变形效应也是不均匀的,使得吸附相空间变得复杂,因此运用 1 278 kg/m³ 来代替吸附相密度可能会造成较大的误差。

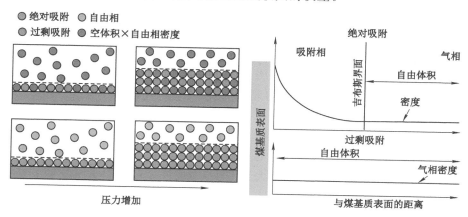

图 1-3　过剩吸附与绝对吸附(据 Busch & Gensterblum,2011)

不论是通过压力法、体积法或者是重力法得到的均是过剩吸附量,因此需要通过以下公式对绝对吸附量进行换算:

$$m_{过剩} = m_{绝对}\left(1 - \frac{\rho_{气相}(P,T)}{\rho_{吸附相}}\right) \qquad (1\text{-}4)$$

因此,在计算绝对吸附量时最重要的问题就是如何确定吸附相密度 $\rho_{吸附相}$。目前通过实测获得吸附相密度的方法有两种:放射性示踪剂层析法(Haydel 和 Kobayashi,1967)、量热计和直接测试结合法(Keller et al.,2003)。另外还有一些间接的计算方法,如实际气体状态方程、Ozawa 经验公式和图表法(Humayun 和 Tomasko,2000)等。图表法基于高压等温吸附曲线,过剩吸附曲线在达到最大值后随自由相密度增加呈线性减小,直到与横坐标交叉,交点即为吸附相密度,该方法能较容易地获得吸附相密度,但是受煤岩类型影响较大(Gensterblum et al.,2010)。Gensterblum 等(2010)通过独立测定将 373 kg/m³ 和 1 027 kg/m³ 分别作为 CH_4 和 CO_2 的吸附相密度。

(4)混合气体竞争吸附

杨宏民等(2015)通过竞争吸附与置换吸附的对比研究发现,二者结果一致,表明煤对气体的吸附解吸与气体进入煤体的先后顺序和过程无关,只与吸附前后的状态有关。含 CH_4 煤储层中注入 CO_2 发生的置换作用,其实质是 CO_2 的吸附和 CH_4 的解吸,诱导这一过程发生的原因是相较于 CH_4 煤储层对 CO_2 具有更高的吸附潜力,即 CO_2 相对于 CH_4 具有优势吸附。虽然少数学者发现在低压情况下,CH_4 相对于 CO_2 具有更强的吸附优势(Busch et al.,2006;Majewska et al.，2009)，但是目前来看，更多的学者开展的不同温度、含水量、煤级等条件下 CO_2/CH_4 竞争吸附的实验结果显示，CO_2 相较于 CH_4 具有竞争优势(Bae 和 Bhatia，2006；Weniger et al.，2012；Weishauptová et al.，2015；唐书恒等，2004；代世峰 等，2009)，相同条件下 CO_2 和 CH_4 单组分气体的等温吸附实验亦证明，CO_2 的吸附能力明显高于 CH_4 (Li et al.，2010；Gensterblum et al.，2013)，这一差异在低煤级煤中尤为明显，可能与低煤级煤的高含水性有关，CO_2 相对于 CH_4 的高溶解度是这一差异形成的重要原因(Busch et al.，2011)。

由前人关于不同组分气体等温吸附实验研究可以看出，煤对气体的吸附能力存在如下规律：CO_2 > CH_4 > N_2 (Hall et al.，1994；马志宏 等，2001)。因此对于置换煤层中的 CH_4，显然 CO_2 具有更高的有效性和经济性。总体来看，由于相同平衡条件下，CO_2 的吸附能力大于 CH_4，因此混合气的总吸附量低于单组分 CO_2 的吸附量，而高于单组分 CH_4 的吸附量，总吸附等温线介于单组分 CO_2 吸附等温线和单组分 CH_4 吸附等温线之间。压力条件相同时，自由气相中 CO_2 含量越高总吸附量越大，当 CO_2 含量分别为 80%、50%、20%时，其吸附等温线依次远离单组分 CO_2 的吸附等温线，向单组分 CH_4 的吸附等温线靠近(张庆玲，2007)。Ottiger 等(2008)通过 1∶4、2∶3、3∶2、4∶1 四种不同比例混合的 CO_2/CH_4 吸附等温实验与 Ono-Kondo 格子吸附模型的拟合研究发现即使是 1∶4 混合的 CO_2/CH_4，随着压力增加，CO_2 的吸附量逐渐大于 CH_4，表明少量的 CO_2 就能导致 CH_4 吸附量的降低，而随着 CO_2 在混合气中浓度不断增加，CH_4 吸附量进一步降低，在浓度比达到 4∶1 时，煤层对 CH_4 的吸附量几乎为零，而 Ono-Kondo 格子吸附模型拟合结果更明确地反映了这一结果(图 1-4)。

目前针对 CO_2/CH_4 竞争吸附机理的解释主要包括以下几点：

① 常压下沸点高的吸附质具有吸附优势，CO_2 的沸点温度(-78.5 ℃)显著高于 CH_4 (-161.5 ℃)，因此 CO_2 相对于 CH_4 具有更高的吸附能力(Harpalani et al.，2006)；

② 不同孔径微孔的选择性吸附能力表现出明显差异，Cui 等(2004)的研究发现半径小于 0.36 nm 及大于 0.46 nm 的微孔更倾向于吸附 CO_2，而这一孔径范围内的微孔占煤孔隙比表面积的绝大多数，因此整体效应是 CO_2 的吸附能力大于 CH_4；

③ 从分子直径上来看，CO_2 分子直径(232 pm)小于 CH_4 (414 pm)，因此 CO_2 能够进入更小的微孔，煤岩是典型的微孔介质，煤化过程中大分子侧链的断裂和芳香烃的缩聚形成分子级别微孔发育，因此具有更小分子直径的 CO_2 能够进入更多的微孔，同时部分 CO_2 分子能够穿透煤基质表面形成吸收态，这就造成了实验得到的 CO_2 吸附+吸收量大于 CH_4 吸附量(Milewska-duda et al.，2000)；

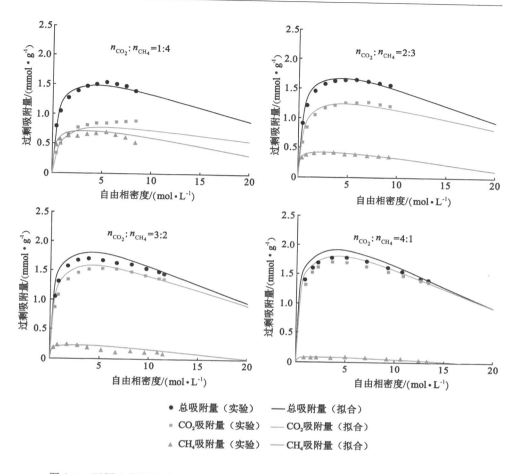

图 1-4　不同比例混合的 CO_2/CH_4 二元气体过剩吸附曲线(Ottiger et al.,2008)

④ Sakurovs 等(2010)认为吸附能力与不同气体的临界温度有关,临界温度越高,吸附能力越强,CO_2(临界温度 31.1 ℃)相对于 CH_4(临界温度－81.9 ℃)具有较高的临界温度;

⑤ CO_2 是极性分子而 CH_4 是非极性分子,分子模拟结果显示煤大分子结构存在大量电荷不平衡的极性吸附位,这些极性吸附位优先被 CO_2 分子占据从而增大了 CO_2 的吸附能力(Zhang et al.,2015)。

1.2.3　吸附热动力学与超临界气体吸附模型

（1）吸附热动力学机理

根据能量的相互关系,吸附过程分为物理吸附和化学吸附,物理吸附是通过吸附质与吸附剂分子之间的范德瓦斯力而相互吸引,被吸附的气体分子在吸附剂的表面做二维运动。与化学吸附不同,物理吸附是可逆的(傅雪海 等,2007;Busch et al.,2011)。然而,与常规吸附剂不同的是,煤岩具有强烈的非均质性和复杂的孔隙结构,这就导致煤岩吸附 CH_4/CO_2 的复杂性(桑树勋 等,2005c),不同的煤基质特别是微孔表面结构,组分特征等对 CH_4/CO_2 起到强烈的控制作用,因此从微观分子角度分析煤岩吸附 CH_4/CO_2 可能更为合理(张群 等,2013)。

从吸附热力学上来说,吸附作用是由过剩的表面自由能引起的,可以通过研究煤吸附不同 CH_4/CO_2 时表面自由能的变化规律来解释吸附机理。Saunders 等(1985)通过计算煤吸附甲烷的等量吸附热,认为等量吸附热是吸附能力的表现;Stoeckli(1990)认为等量吸附热的减小是由于孔隙尺度的降低,水分首先充填了能量最高的微孔,占据了 CO_2/CH_4 的吸附位,从而降低了等量吸附热;Stevenson 等(1991)通过研究等量吸附热与覆盖度的关系,认为在非均一表面等量吸附热随着表面覆盖程度的增加而降低;降文萍等(2007a)从量子化学的角度解释了微观尺度甲烷吸附机理;卢守青等(2014)通过表面自由能和等量吸附热的计算,探讨了煤级、温度、压力与等量吸附热的关系;刘珊珊等(2015)从孔隙和煤体结构解释了吸附势和表面自由能的变化规律;Zhou 等(2015)认为等量吸附热与煤级呈现波动式变化,并认为这与官能团和孔隙结构有关;周动等(2016)通过甲烷吸附势阱的计算拟合出了非均匀势阱等温吸附方程。

CO_2-ECBM 过程中 CH_4 解吸速率和 CO_2 吸附速率从根本上来说是气体的扩散行为,这种双向的扩散决定了 CO_2-ECBM 的有效性,煤吸附气体动力学过程包括渗流阶段、表面扩散阶段、体扩散阶段和吸着阶段(桑树勋 等,2005a)。Ciembroniewicz 等(1993)通过 CO_2 吸附动力学实验发现即使具有相同的煤级,不同煤样的吸附速率仍具有很大的差异;Charrière 等(2010)认为 CO_2 的吸附速率大于 CH_4 的吸附速率是由于 CO_2 的分子直径较小以及 CO_2 溶解于煤的大分子结构的能力;Clarkson 等(1999a,b)探讨了不同气体类型、宏观煤岩类型及煤样干湿程度都能够影响气体的扩散行为;气体扩散速率随着煤岩粒度、水分含量的增加而减小,随温度的增加而增加(Busch et al.,2004;Gruszkiewicz et al.,2009)。在目前吸附动力学的扩散模型中,单孔隙吸附/扩散模型适合于高煤级煤样,双孔隙吸附/扩散模型更适合于低煤级煤样,这也与孔隙结构随煤级变化有关(Charrière et al.,2010;Clarkson et al.,1999b)。

(2)煤岩超临界 CO_2 吸附机理与吸附模型

相较于低压条件的吸附特征,超临界气体(CO_2/CH_4)吸附在压力不断增加的情况下,密度不断增加,不出现凝聚现象,也造成了过剩吸附量与绝对吸附量之间的差距不断增加(Siemons et al.,2007),因此常规的吸附模型如 Langmuir 单分子层吸附模型、BET 多分子层吸附模型、D-R/D-A 微孔填充模型等需进行转换,这是由于上述模型的吸附假设均基于真实吸附量。超临界过剩吸附曲线在高压下迅速降低甚至不同温度的曲线会发生交叉(Ottiger et al.,2006),不同温度下自由相密度变化不一致是该现象的主因。超临界条件下,气体不再单纯地以单分子层吸附的形式存在于煤的孔隙结构中(韩思杰 等,2018),最大微孔填充孔径随温度和压力的变化而不断变化(Sakurovs et al.,2008)。

　　超临界 CO_2 由于其与气态 CO_2 迥异的性质,在不断加压条件下始终保持非凝聚特征,且超临界 CO_2 密度在临界温度附近急剧变化,相对较低的压力下,超临界 CO_2 密度即可接近吸附相密度,因此煤岩超临界 CO_2 的吸附机理不仅与气态 CO_2 不同,与同样处于超临界状态的 CH_4 也不相同。前人关于煤岩超临界 CO_2 吸附实验结果表明,煤岩超临界 CO_2 吸附曲线存在最大值,实验温度越接近临界温度,过剩吸附曲线在越过最大值后下降越明显,且高压范围内过剩吸附量随温度增加而增加(Fitzgerald et al.,2005;Li et al.,2010;Ottiger et al.,2006;Weniger et al.,2012)。这是由于 CO_2 越过临界点后,自由相密度迅速增加,根据过剩吸附与绝对吸附的关系,自由相密度越大,过剩吸附量与绝对吸附量差异越大,这也是目前常用吸附理论的缺陷。超临界 CO_2 的高密度与非凝聚特征也造成了 Langmuir 单分子层理论无法解释煤岩超临界 CO_2 吸附的多分子层现象,而微孔填充理论基于吸附势理论,解释了微孔内吸附相分子层叠加形成的体积填充现象,但没有反映超临界 CO_2 自由相密度对吸附能力的影响,更忽略了煤中大中孔隙内存在的吸附相 CO_2(Mosher et al.,2013)。煤岩超临界 CO_2 吸附作用是煤岩与超临界 CO_2 相互作用的结果,不仅受煤岩性质、温度、压力的作用,超临界 CO_2 自由相密度的急剧变化也起到重要作用(Do et al.,2003;Sakurovs et al.,2008)。

　　CO_2 在深部不可采煤层温度压力条件下通常保持超临界状态,特别是 CO_2 在深度条件下密度与可压缩性变化显著,因此不能用目前在低压条件下常用的 Langmuir 模型、BET 模型、D-R/D-A 模型等,需考虑自由相组分密度与吸附相密度之间不断减小的差距,因此前人提出了基于这些理论的改进型吸附模型(Bae et al.,2006;Sakurovs et al.,2007;Tang et al.,2016;周尚文 等,2016)。

　　① Langmuir 型超临界吸附模型:

$$n_{ex} = \frac{n_0 \, K_0 \rho_g}{1 + K_0 \rho_g}\left(1 - \frac{\rho_g}{\rho_a}\right) + k\rho_g\left(1 - \frac{\rho_g}{\rho_a}\right) \tag{1-5}$$

其中,n_0 为 Langmuir 体积,K_0 为 Langmuir 常数,ρ_g 为自由相气体密度,ρ_a 为吸附相气体密度,k 为与吸附膨胀引起的吸附量变化相关的常数。

② 双位 Langmuir 型超临界吸附模型：

越来越多的超临界气体吸附实验结果证明,以均匀吸附表面和等能量吸附位为假设的传统的 Langmuir 模型不能准确描述固气吸附系统,尤其是具有强烈非均质孔表面的煤,不同吸附位的吸附能量由于孔径和煤大分子结构的不同存在显著差异。因此为了表征非均质吸附剂的特征,Tang 等(2016)假设了最简单的吸附位分布情况,及两种存在两种具有显著差异的吸附位,并建立了双位 Langmuir 型超临界吸附模型：

$$n_{ex} = n_0 \left[(1-\alpha) \frac{K_1 P}{1+K_1 P} + \alpha \frac{K_2 P}{1+K_2 P} \right] \left(1 - \frac{\rho_g}{\rho_a} \right) \tag{1-6}$$

其中,$\alpha(0<\alpha<1)$ 为不同吸附类型占比,$K_1 = A_1 \cdot \exp(-E_1/RT)$ 和 $K_2 = A_2 \cdot \exp(-E_2/RT)$ 为不同吸附类型的吸附常数,T 为温度,E_1 和 E_2 为不同吸附位对应的吸附能,A_1 和 A_2 为与吸附热力学相关的参数,R 为通用气体常数。Tang 等(2017)在研究煤的高压 CO_2 吸附中认为,双吸附位 CO_2 包括附着于煤孔隙表面的 CO_2 吸附相与渗入煤大分子结构的 CO_2 吸收相。

③ Toth 型超临界吸附模型：

$$n_{ex} = \frac{n_0 K_0 \rho_g}{1+K_0 \rho_g} - \rho_g V_a \tag{1-7}$$

式中,K_0 为吸附常数,V_a 为吸附相体积。

④ 微孔填充型超临界吸附模型(Sakurovs et al.,2007)：

常规的微孔填充模型如 D-R 和 D-A 模型采用了气体饱和蒸气压的概念,然而针对超临界气体,饱和蒸气压已经失去其基本的物理意义,因此,Sakurovs 等(2007)运用自由相密度代替平衡压力,吸附相密度代替饱和蒸气压,并引入经验参数 k,构建了超临界 D-R 吸附模型：

$$n_{ex} = n_0 \left(1 - \frac{\rho_g}{\rho_a} \right) e^{-D[\ln(\rho_a/\rho_g)]^2} + k\rho_g \left(1 - \frac{\rho_g}{\rho_a} \right) \tag{1-8}$$

式中,n_0 为微孔体积,D 为反映吸附热与吸附质、吸附剂之间关系的常数,k 为吸附量矫正系数。

⑤ 改进吸附模型：

周尚文等(2017)开展了页岩的超临界 CH_4 吸附实验,根据吸附结果计算了超临界 CH_4 的吸附空间和分子层数,发现超临界 CH_4 在页岩孔隙中的吸附行为既不满足微孔填充也不满足单分子层吸附,因此推测页岩气超临界吸附机理应为微孔充填和单分子层吸附并存,并通过对比微孔填充模型和单分子吸附模型的拟合结果,发现微孔填充-单分子层吸附复合模型对页岩的超临界甲烷吸附具有更好的拟合结果(周尚文 等,2017)。以微孔填充与单分子层吸附为基础的 Dubinin-Radushkevich-Langmuir 复合型及相关的改进吸附模型如下：

$$n_{ex} = n_1 \left(1 - \frac{\rho_g}{\rho_a}\right) e^{-D[\ln(\rho_a/\rho_g)]^2} + n_2 \left(1 - \frac{\rho_g}{\rho_a}\right) \frac{P}{P + P_L} \tag{1-9}$$

其中，n_1 为微孔填充的最大吸附量，n_2 为单分子层的最大吸附量或 Langmuir 体积，ρ_g 为自由相气体密度，ρ_a 为吸附相气体密度，P 为平衡压力，P_L 为 Langmuir 压力。

1.2.4　深部不可采煤层 CO_2 地质封存量评价方法与我国煤中 CO_2 地质存储能力

深部煤储层的 CO_2 地质封存存在多种形式，包括吸附封存、溶解封存、矿化封存和静态封存（White et al.，2005）。其中吸附封存是利用煤岩表面对 CO_2 的吸附效应固定 CO_2，这也是区别于其他地质封存方法的主要封存形式。同时煤层孔隙中还含有水、未被水饱和的孔隙以及煤中矿物（如黄铁矿、方解石和黏土矿物等），这就导致了 CO_2 在注入煤层后必然会存在其他的封存形式，如孔隙水的溶解、孔隙的 CO_2 残留、含 CO_2 酸性溶液与矿物发生地球化学反应等。不同于机理的探讨，在研究评价 CO_2 封闭储存量时应尽量考虑 CO_2 可能的封存形式，以期能够准确地评价封存量，为后期工程开发提供可信的理论数据。从工程尺度来说，CO_2 的地质储量取决于储层规模、渗透率与温度、压力等条件。目前国际上通用的计算不可采煤层中 CO_2 地质储量的方法主要有以下五种：

① 碳封存领导人论坛（CSLF）根据原始地质储量与产气能力建立的煤中 CO_2 储量计算方法（White et al.，2005）：

$$M_{CO_2} = PGIP \times \rho_g \times ER \tag{1-10}$$

其中，PGIP 是煤层可产气量，PIGP＝煤储层体积×煤密度×甲烷含量×完井指数×采收率；ρ_g 为某深度下 CO_2 密度；ER 为 CO_2/CH_4 转换率。完井指数是指开采区内有助于气体生产和 CO_2 储存的煤层厚度总和占总煤层厚度的比例。采收率是指开采区煤层气可采部分占总含气量的比例，一般在 0.2～0.6 之间。

② 美国国家能源部推荐的煤中 CO_2 储量计算方法（Goodman et al.，2011）：

$$M_{CO_2} = \rho_g \times A_{coal} \times h \times (V_a + V_f) \times E \tag{1-11}$$

其中 ρ_g 为某深度下 CO_2 密度；A_{coal} 为目标煤层面积；h 为目标煤层厚度；V_a 为单位体积煤的 CO_2 吸附量；V_f 为单位体积煤中 CO_2 游离量；E 是 CO_2 储层的有效因子，包括煤中 CO_2 封存的适用性、吸附能力、浮力特征、运移能力及饱和吸附量等，具体表征方法与影响有效性参数的计算方法见 De Silva 等（2012）。

③ 采用不同封存类型总和的计算方法，分别计算不同封存类型 CO_2 储量，包括自由量、吸附量及溶解量等（De Silva et al.，2012）：

$$M_{CO_2} = M_v + M_w + M_{ads} + M_a \tag{1-12}$$

其中,M_v 为煤储层中自由项 CO_2 的质量;M_w 为溶解在煤储层水中的 CO_2 质量;M_{ads} 为目标区煤的剩余探明地质储量中总的 CO_2 吸附量;M_a 是目标区煤的新增探明地质储量中总的 CO_2 吸附量。剩余探明地质储量为目标区煤层经人为开采后剩下的,在目前技术、经济和政策条件下,利用现有地质和技术手段已经确定的煤的总量。新增探明地质储量为目标区内新开展的地质普查勘探后查明的煤的总量,该部分没有人为采煤影响,煤的总量固定。

④ Liu 等(2009)从宏观尺度针对不同变质程度的煤提出了深部不可采煤层(单层)CO_2-ECBM 的 CO_2 储量评价方程,并提出了中国不同变质类型煤的 CO_2/CH_4 置换比:

$$M_{CO_2} = 0.1 \times \rho_g \times G \times RF \times ER \tag{1-13}$$

其中,G 是煤层气资源量;RF 为煤层气采收率;ER 为 CO_2/CH_4 的体积置换比。

⑤ Zhao 等(2016)考虑含水煤层中运用 CO_2 吸附能力、CO_2 在水中的溶解量和 CO_2 驱替置换的含水量建立了如下公式:

$$M_{CO_2} = 10^{-7} \times (A \times H \times \rho_{coal,b} \times g_{cs} \times R_f \times C_{ER} \times \rho_{CO_2,std}) +$$
$$[AH_\varphi (1 - S_\omega)(1 - R_\omega) C_{CO_2,\omega}] + (AH_\varphi S_\omega R_\omega \rho_{CO_2}) \tag{1-14}$$

其中 C_{ER} 是目标煤层中 CO_2 与 CH_4 的置换率,与 CO_2 和 CH_4 的吸附能力相关;R_ω 是煤层中水的采收率;g_{cs} 是煤层含气量;$C_{CO_2,\omega}$ 是水中 CO_2 的溶解率。

我国自 21 世纪初开展 CO_2-ECBM 工程以来,众多学者对我国主要含煤区进行了 CO_2 地质存储量的评价。刘延锋等(2005)认为,利用 CO_2-ECBM 技术可使我国 300～1 500 m 煤层气平均可采率从 35% 提高到 95%,该埋深的 CO_2 煤层储存潜力约为 120.78×10^8 t,其中鄂尔多斯盆地、吐鲁番-哈密盆地和准噶尔盆地的煤层 CO_2 储存潜力最大,三者占全国总储量的 65.49%。沁水盆地 CO_2-ECBM 评价结果显示,利用该技术可使 1 500 m 以浅煤层气增产 20.8%,可埋藏 CO_2 37.4×10^8 t,沁水盆地 CO_2 总埋藏量为 47.7×10^8 t(王烽 等,2009)。Yu 等(2007)对我国 29 个煤层气区 0～1 500 m 和 1 500～2 000 m 范围内煤层中 CO_2 储存容量进行了评估,结果表明 CO_2 储存容量约 142.67×10^9 t,其中深度小于 1 500 m 的煤层 CO_2 储存容量为 86.84×10^9 t,深度为 1 500～2 000 m 的煤层 CO_2 储存容量为 55.83×10^9 t。Li 等(2009)计算了我国 45 个主要含煤盆地的 CO_2 储存量,总储存量大约为 120×10^8 t,储存量较大的盆地分布在西北和华北地区。姚素平等(2012)评价了江苏省 600～1 500 m 煤层 CO_2 地质处置量,认为徐州煤田的 CO_2 地质处置量最大,为 1.48×10^8 t,并认为 CO_2-ECBM 工程的开展需充分考虑煤层埋深、渗透率、构造等地质因素。基于我国最新一轮的煤层气评价结果,利用 CSLF 推荐的计算方法,郑长远等(2016)得到全国 28 个含煤层气盆地 1 000～2 000 m 煤层储存 CO_2 总潜力为 98.81×

10^8 t。其中鄂尔多斯盆地、准噶尔盆地、吐鲁番-哈密盆地、海拉尔盆地的储存潜力都超过 10×10^8 t，这 4 个盆地的总储存潜力为 68.45×10^8 t，占全国总储存潜力的 69.27%。

1.2.5　发展趋势及存在问题

近年来，越来越多的学者开始关注煤岩孔隙结构，特别是孔径尺寸与气体吸附能力的关系，认为不同孔径的孔隙中均有吸附现象发生，而超临界 CO_2 密度在临界条件附近的急剧变化造成的不同孔径内吸附状态的差异却鲜有人关注。超临界 CO_2 流体性质具有温度压力变化的敏感性，高温高压下煤岩 CO_2 吸附行为与亚临界条件下 CO_2 吸附行为具有显著差异，前人研究已经发现不同孔径孔隙内 CO_2 甚至 CH_4 存在状态或分子层数不同，分子模拟结果亦显示孔隙越大，吸附现象越不显著，这与微孔填充理论的认识一致，然而该理论忽视了大中孔的吸附能力以及吸附质分子密度变化造成的吸附能力差异。正是由于深部煤层条件下，超临界 CO_2 吸附作用的发生，使得常规的 CO_2-ECBM 技术中采用的吸附模型无法适用于深部煤层，因此极大制约了深部煤层 CO_2-ECBM 的可行性。

CO_2-ECBM 技术已经被成功应用于美国、加拿大、中国、日本、澳大利亚及部分欧洲国家，取得了良好的经济和社会效应，然而工程上的成功并不代表 CO_2-ECBM 中 CO_2 封存机理研究的成熟，尤其是近几年来，我国 CO_2-ECBM 工程开始向深部煤层进军，深部煤储层高温高压条件使得 CO_2 始终保持超临界状态，因此探讨煤岩的超临界 CO_2 吸附作用尤为作用，然而大量的煤岩 CO_2 吸附实验与 CO_2-ECBM 工程的温度压力条件均局限在临界条件附近，考虑到 CO_2 在高温高压下剧烈的相变特征，对超临界 CO_2 吸附作用指导意义不大，超临界 CO_2 吸附机理不明严重制约着深部煤层 CO_2-ECBM 工程的可行性。White 等（2005）认为 95% 以上的 CO_2 是以吸附的形式保存的，深部高温条件对 CO_2 吸附的抑制作用显著，而自由相 CO_2 密度随埋深增长较快，二者间此消彼长必然导致深部煤层 CO_2 封存量占比与总量的变化，因此针对深部煤层 CO_2 地质封存潜力的评价应综合考虑多种封存形式。此外，由于超临界 CO_2 密度与吸附行为对温度和压力变化更为敏感，这就导致在评价不同深度煤层的 CO_2 封存量时，温度压力甚至煤级差异造成评价结果的极大误差，这也是目前我国学者在评价煤层 CO_2 地质封存量时普遍存在的问题，因此需要针对不同相态和煤层条件建立更为合适的评价方法。

1.3 研究方案

1.3.1 研究目标

以沁水盆地目前暂无开采条件的深部无烟煤煤层为研究对象,以深部无烟煤储层的温、压、水环境及煤岩特征为背景,以"模拟地层条件高温高压气体等温吸附实验模拟装置"为模拟平台,实验模拟高温高压条件下的 CO_2 吸附过程,模拟深部煤层 CO_2-ECBM 过程中不同埋深条件下无烟煤的 CO_2 吸附能力,同时开展无烟煤储层物性结构特别是不同尺度孔裂隙的定量表征,阐明温度、压力、水分和煤岩性质对 CO_2 吸附能力的影响,重点探讨超临界 CO_2 吸附的孔隙选择效应,揭示超临界 CO_2 多分子层吸附行为,从吸附热力学与分子动力学理论探讨煤储层多尺度孔隙下的微孔填充与多层吸附机理,揭示埋深条件下超临界等容线控制的 CO_2 吸附行为,以超临界 D-R 模型为基础构建超临界 CO_2 吸附模型,结合静态封存,溶解封存建立无烟煤储层 CO_2 封闭存储量计算模型,进而从理论上回答沁水盆地深部无烟煤储存 CO_2-ECBM 的有效性和安全性,为我国深部不可采煤层实施 CO_2-ECBM 工程探索提供科学的理论依据。

1.3.2 研究内容

(1)沁水盆地地质背景

一方面,以浅部大量煤与煤层气井揭示的煤储层地质条件变化规律和少数深部煤与煤层气井直接揭露的地质条件特征为依据,归纳和总结沁水盆地深部煤储层的温度、储层压力、地应力、水文条件等地质背景条件;以浅部资料为基础,结合实验模拟和补充测试,总结分析深部无烟煤煤岩物质特征(显微组分、灰分、含水性等)和物性特征等(孔隙度、渗透率、含气性等),了解深部温、压、水条件下无烟煤储层的地质概况,设置与深部地层地质条件较接近的实验模拟条件。另一方面,通过对沁水盆地大量煤层气钻井、测井及试井资料的收集,查明深部煤层气赋存条件,煤层含气性等相关工程数据,同时针对前人大量的关于沁水盆地高阶煤煤层气地质的研究,归纳总结高阶煤含气性和渗透性的地质控制规律。

(2)模拟深部无烟煤储层超临界 CO_2 吸附实验

采用自主研发的"模拟地层条件高温高压气体等温吸附实验模拟装置"进行 CO_2 吸附实验,包括:不同温度条件下干/平衡水煤样 CO_2 等温吸附实验(40 ℃、50 ℃、60 ℃、70 ℃、80 ℃)与模拟煤层条件下的平衡水 CO_2 等温吸附实验(1 000 m、1 500 m、2 000 m),同时与此配套地开展无烟煤的孔隙形态与孔隙结构参数测试(压汞,低温液氮,低温 CO_2 吸附),揭示高压条件下过剩吸附量与绝对吸附量的差异,利用现有超临界 CO_2 吸附模型对实验数据进行拟合,分析影响超临界 CO_2 吸附作用的温度、煤岩煤质和孔隙特征等地质因素。

(3)无烟煤储层条件下超临界 CO_2 吸附的密度控制与孔隙选择效应

利用现有超临界 CO_2 吸附模型拟合的吸附能力与吸附热结果对超临界 CO_2 吸附过程进行分析,重点阐述自由相密度增加(超临界条件下无凝聚现象)的情况下 CO_2/CH_4 吸附分子层数变化,揭示超临界吸附状况下的多分子层吸附行为,进而论述不同超临界温度条件下超临界 CO_2/CH_4 吸附的密度控制机理,以此为基础进一步开展无烟煤多尺度孔隙结构参数的测试,分析孔隙结构参数与吸附能力、吸附热之间的关系,探讨高压条件下多分子层吸附引起的微孔填充与大中孔单分子层至多分子层吸附的差异性吸附行为。

(4)无烟煤储层超临界 CO_2 吸附机理与吸附模型

基于超临界 CO_2 密度效应与吸附行为的孔隙选择效应,构建煤储层 CO_2 吸附地质概念模型,动态反映在密度不断增加的情况下微孔及大中孔内超临界 CO_2 吸附机理与多层吸附引起的不同孔隙内吸附行为的差异;以模拟不同埋深条件下的 CO_2 吸附特征及吸附能力实验为基础,结合沁水盆地地层温度与压力条件下的 CO_2 密度特征,分析不同埋深下吸附能力与吸附行为差异,揭示超临界与亚临界 CO_2 吸附差异与超临界等容线上下吸附行为差异,解释超临界 CO_2 不同性质下(类液态和类气态)的吸附机理。

(5)基于多种封存类型的煤储层微观 CO_2 地质封存量计算模型

煤中 CO_2 存在形式除吸附外还包括游离于煤中孔隙的残余容量、溶解于煤层中液态水的溶解容量和与煤中矿物发生地球化学反应后的被固定的矿化封存量。分别针对上述三种封存类型分析不同封存类型的封闭机理,并运用目前应用较为广泛的计算模型对本次研究中的无烟煤进行 CO_2 封存量的计算。运用实验直接获得的过剩吸附量和基于孔隙体积的残余量进行联合表征,最后综合各封存机制,从封存能力和封存时效(即时性)上分析深部煤层封存过程并以此为基础建立综合封存量计算模型。

(6)深部无烟煤储层 CO_2 封存地质模型与评价方法

以沁水盆地和郑庄区块深部无烟煤储层为研究对象,深入剖析沁水盆地和郑庄区块煤层气地质特征,包括煤层厚度埋深、温度压力条件、煤储层特征、孔隙发育特征等,提取地质封存量计算模型需要的地质参数,以煤层温压条件、煤级和煤层厚度为主要评价指标对区块内潜在 CO_2 地质封存区进行划分,随后对每个评价区块的地质评价参数进行均一化处理,并建立与之对应的地质模型(每个地质评价区块地质评价参数取该区主要探井参数或实验值平均值),最后运用建立的地质封存量计算模型对沁水盆地和郑庄区块深部煤层进行 CO_2 封存量评价。

1.3.3 研究方法

（1）文献收集与资料整理

收集国内煤层存储 CO_2-ECBM 的 CO_2 地质封存相关文献,重点收集煤岩 CO_2 吸附封存与超临界 CO_2 吸附相关文献,包括实验模拟方法、CO_2 吸附能力的地质影响因素、CO_2 与 CH_4 竞争吸附实验模拟结果与机理、CO_2 吸附速率及时间因素、超临界 CO_2 吸附的影响因素、煤层中 CO_2 封存类型及各相态 CO_2 存储量计算方法等,总结研究现状及存在的问题。收集沁水盆地煤层气开发与 CO_2 存储相关的地质资料,包括沁水盆地的构造分布资料、水文地质资料、温度场资料、储层物性资料、煤层展布特征资料等,为深部地层 CO_2 存储模拟设定实验条件,同时提供封存量计算模型的背景值和边界条件。

（2）等温吸附实验与孔隙结构参数测试

采集 8 块沁水盆地中高阶煤样开展 CO_2/CH_4 等温吸附实验与孔裂隙结构参数测试,对煤样煤岩煤质、镜质组反射率、显微煤岩组分、显微孔裂隙发育形态进行测试后,将煤样分为 4 份,开展干/平衡水煤样 CO_2 等温吸附实验(温度 40 ℃、50 ℃、60 ℃、70 ℃、80 ℃,最高压力 16 MPa)、平衡水煤样 CH_4 高压等温吸附实验(温度 30 ℃,最高压力 12 MPa)、模拟埋深条件下 CO_2 吸附实验(1 000 m,1 500 m,2 000 m)、低温液氮吸附与低温 CO_2 吸附测孔隙结构参数并另取煤块样进行压汞测试与煤岩煤质测试。

（3）理论分析

利用现有吸附模型拟合计算不同温度下超临界 CO_2/CH_4 的吸附能力与吸附热,分析吸附参数与温度、煤岩性质的关系,计算各煤样不同温度条件下吸附分子层,探讨密度增加对吸附过程的影响;分析孔隙结构参数与吸附能力和吸附热之间的关系,重点探讨微孔孔体积与大中孔比表面积、吸附量之间的关系,阐明自由相密度增加的条件下,不同孔径孔隙内超临界 CO_2/CH_4 吸附的孔隙选择效应,建立超临界 CO_2/CH_4 吸附概念模型。提出超临界等容线对超临界 CO_2/CH_4 吸附的影响,不同温度压力下超临界 CO_2 具有类液相和类气相两种不同性质,以状态方程为基础分析这两相超临界 CO_2 吸附过程在埋深条件下的变化规律,建立埋深条件下的 CO_2/超临界 CO_2 吸附规律。

（4）深部无烟煤储层地地质模型构建

以沁水盆地南部郑庄区块深部无烟煤储层为研究对象构建 CO_2 封存地质模型,通过收集测井、钻井、采样测试等资料,获取煤层埋深(温度、压力)、厚度、煤级、含水饱和度与孔裂隙发育特征数据,针对影响 CO_2 吸附封存量与参与封存量的主要因素对该区域进行评价子区块划分,而后对各子区块地质参数经统计后进行均一化处理,建立各子区块的地质评价模型,提取 CO_2 地质封存模型中参数数值。

(5)数学模型构建

数学模型包括超临界 CO_2 吸附模型和深部无烟煤储层 CO_2 地质封存量计算模型。超临界 CO_2 吸附模型是在吸附行为的孔隙选择效应基础上建立微孔填充模型与多分子层吸附模型结合的表征实际吸附行为的综合吸附模型,它以自由相密度为变量,强调密度增加对吸附过程的影响;CO_2 地质封存计算模型是以各类型封存量为基础建立的单位质量煤的 CO_2 地质封存计算模型,由于矿化封存反应时间较长,且无烟煤中矿物含量较低,对 CO_2 可注入量影响较小,因此建立以吸附封存量和静态封存量联合表征为主,考虑 CO_2 溶解容量的综合评价模型。

1.3.4 技术路线

本次研究通过收集煤的高温高压 CO_2 吸附行为机理与煤中 CO_2 地质存储量评价方法相关的文献资料,以沁水盆地南部深部无烟煤储层为研究对象,开展煤的成分与结构测试,孔裂隙结构参数的定量测试,超临界条件下的 CO_2 等温吸附实验与模拟埋深条件下 CO_2 吸附过程的实验,重点阐述以吸附封存为主的煤中 CO_2 地质封存机理。本书的技术路线如图 1-5 所示。

首先分析超临界 CO_2 吸附的温度、煤岩煤质、密度及孔隙结构参数等的影响,通过计算煤中超临界 CO_2 吸附分子层数及其与孔径之间的关系,重点阐释温度和自由相密度对气体吸附机理的控制作用,进而结合孔隙大小探讨超临界条件下煤中不同孔径内差异性的吸附行为,建立微孔填充+多分子层覆盖的超临界 CO_2 吸附模型。

其次结合埋深条件下 CO_2 密度变化特征,提出超临界等容线对超临界 CO_2 吸附行为的控制作用,划分了煤中超临界 CO_2 吸附行为的二段式特征,并根据 CO_2/CH_4 自由相密度与吸附相密度之比随埋深变化的差异性,提出气体性质差异是相同温度压力条件下竞争吸附的原因。

再次系统阐释了煤中 CO_2 静态封存、溶解封存和矿化封存机制及其主要影响因素,模拟了吸附封存量、静态封存量和溶解封存量随埋深的变化趋势,提出 CO_2 地质封存的最优煤层埋深,运用过剩吸附+自由体积结合的方法与常规通过求解各封存量的方法比较了埋深条件下煤中 CO_2 封存量差异。

最后在考虑封存量金字塔模型和评价范围与评价精度之间的相关性的基础

上,提出了适用于沁水盆地与郑庄区块的理论封存量和有效封存量计算模型,并以沁水盆地及南部郑庄区块深部 3# 煤储层为评价对象,通过构建沁水盆地和郑庄区块地质模型,提取和简化封存量计算模型中的相关参数,分别计算了沁水盆地和郑庄区块深部 3# 煤层的 CO₂ 地质封存量,并展示了评价区域内不同部位煤层 CO₂ 的存储潜力。

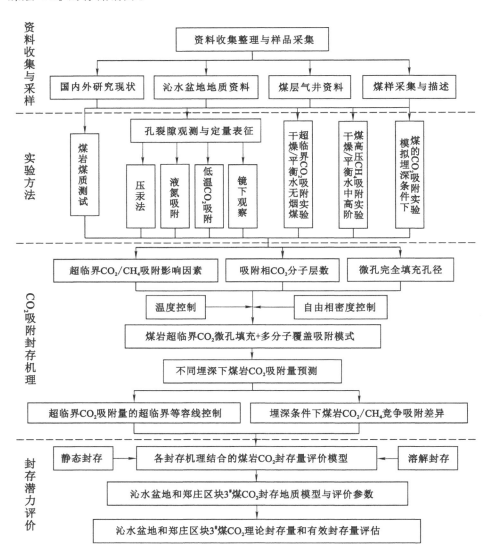

图 1-5　技术路线图

1.4　研究成果

（1）超临界 CO_2 吸附机制的温度、压力和自由相密度控制作用

实验温度条件下干燥无烟煤样超临界 CO_2 吸附相中 CO_2 分子层数计算结果表明，超临界 CO_2 在煤中呈多分子层吸附。超临界 CO_2 吸附相分子层数受温度和自由相密度影响发生变化，二者通过改变 CO_2 分子之间相互作用距离影响吸附量，但作用方式不同。温度增加扩大了 CO_2 吸附相分子间距离，外侧吸附相分子摆脱吸附势束缚，造成吸附分子层数与吸附量降低；而自由相密度增加仅减小了最外侧吸附相分子与其相邻自由相分子之间的距离，使得部分自由相分子进入吸附势作用范围，造成吸附相分子层数和吸附量增加。

（2）超临界 CO_2 吸附机制的孔隙选择效应与微孔填充-多分子层覆盖吸附模式

开展不同温度下无烟煤超临界 CO_2 吸附实验，利用压汞、液氮吸附与低温 CO_2 吸附实验获得无烟煤不同孔径尺寸的孔隙结构参数，通过计算吸附相分子层数与微孔可填充最大孔径，揭示了吸附相超临界 CO_2 分子在煤孔隙内的微孔填充与多分子层共存的吸附行为。可填充最大孔径以下，CO_2 分子以微孔填充形式保存，而更大孔隙中 CO_2 分子则保持多分子层表面覆盖的形式，进而建立了煤中超临界 CO_2 微孔填充-多分子表面覆盖综合吸附模式；其次从 CO_2 分子相互作用距离角度解释了温度与自由相密度对吸附能力的控制作用，认为温度通过改变吸附相 CO_2 分子间相互作用，而自由相密度则通过改变自由相分子与吸附相分子间相互作用来控制吸附分子层数变化，进而改变吸附量。

（3）深部煤储层条件下超临界 CO_2 吸附状态的超临界等容线控制机理

地层条件下，温度压力随埋深的协同变化造成 CO_2 从气态转变为超临界态，超临界 CO_2 性质受其超临界等容线控制分为类液相和类气相，不同状态的超临界 CO_2 由于密度变化与可压缩性的差异造成不同条件下煤中超临界 CO_2 吸附行为的不同，超临界 CO_2 吸附状态具有二段性，据此可定义某一临界埋深（CO_2 临界密度对应的埋深）对应的超临界 CO_2 等容线的温压条件，该埋深之上超临界 CO_2 呈现类气态，煤中超临界 CO_2 吸附行为与气态 CO_2 吸附过程类似，吸附量随埋深增加而增加，只是增加幅度有所减小，该埋深之下超临界 CO_2 呈现类液态，相对高的密度与不可压缩性使得温度升高造成的吸附量减小作用显著大于自由相密度轻微增加带来的吸附量增加效应。

（4）沁水盆地深部无烟煤超临界 CO_2 地质封存量评价方法与评价结果

在讨论了煤中吸附封存、静态封存、溶解封存和矿化封存的基础上，针对超

临界 CO_2 绝对吸附量可能造成的误差建立了过剩吸附量与总孔隙自由体积量的改进计算方法,提出了基于各封存量之和的煤中 CO_2 地质封存量计算模型;基于该 CO_2 理论封存量和有效封存量计算模型,分别评价了沁水盆地和郑庄区块 $3^\#$ 煤层 CO_2 地质封存量,并按 CO_2 相态特征划分了气态超临界区、类气态超临界区和类液态超临界区。评价结果显示,沁水盆地具有开展 CO_2-ECBM 的工程潜力和经济潜力,郑庄区块开展 CO_2-ECBM 的有利区域为类气态超临界区,即埋深在 $800 \sim 1\,100$ m 的 $3^\#$ 煤层分布区域。

2　沁水盆地地质背景

区域地质背景是实施 CO_2-ECBM 工程最基础也是最重要的条件。从存储潜力评价和工程地质选区角度,煤层赋存条件如埋深、厚度、温度和压力背景等从宏观上直接控制了该煤层 CO_2 地质封存量,煤储层条件如吸附能力、渗透性和孔裂隙发育程度则更为具体地决定了 CO_2 吸附能力与可注性。由于我国目前尚未开展大规模商业化的 CO_2-ECBM 工程,因此工程实施的地质选区与评价是开展 CO_2-ECBM 工程的前提和保证。深部煤层 CO_2 存储潜力评价中的地质选区应关注区域构造与地层条件、煤层赋存与物性条件以及煤层含气性和渗透性条件;模拟深部地层条件下超临界 CO_2 吸附机理与其他封存量计算均需要具体煤层条件与地质背景的约束。

沁水盆地具有开展 CO_2-ECBM 工程的有利地质条件,也是我国目前 CO_2-ECBM 示范工程区所在地。盆地内构造地层条件与深部煤层条件不仅为深部煤层 CO_2 封存的研究提供了环境参数,也为地层条件下超临界 CO_2 吸附机理与深部煤层 CO_2 封存地质模型构建提供了重要的约束条件。盆地内深部煤层分布广泛,也为本次研究提供了丰富的样品和模拟实验中的背景条件。基于此,本章首先论述了沁水盆地构造与煤系地层赋存特征,其次分析了深部煤层的煤岩煤质与孔-裂隙发育特征,最后从煤层气地质角度出发,讨论了沁水盆地深部煤层含气性和渗透性特征及其控制因素。

2.1　地质概况

2.1.1　构造特征

沁水盆地整体为一介于太行和吕梁隆起带间的 NNE 向复式向斜构造,向斜轴线大致位于榆社-沁县-沁水-线,构造相对比较简单,断层不甚发育(图2-1)。南北翘起端呈箕状斜坡,东西两翼基本对称,向斜两侧古生界出露区为倾角较大的单斜,向内变平缓。虽然沁水盆地处于较为稳定的华北地台之上,但中新生代的差异性构造变动仍然造成该盆地的构造格局与东部经构造运动强烈改造的断陷区和西部宽缓单斜的鄂尔多斯盆地具有显著差异。沁水盆地整体的构造变形程度较弱,石炭-二叠煤层受改造作用小,多发育原生结构。即便如此,盆地内不同地区的构造特点仍然具有差异,断层主要发育在盆地的东西边缘,中部仅发育东西向的正断层,同时中生代褶皱系统在复式向斜两翼也较为发育,盆地南北为向盆地内部缓倾的单斜构造。

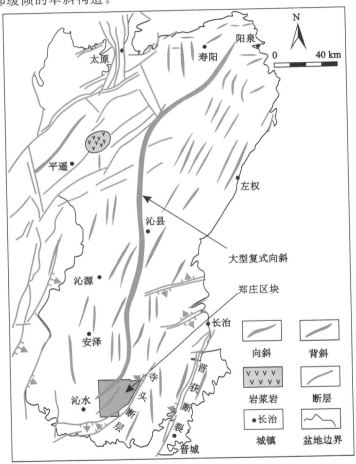

图 2-1　沁水盆地构造纲要图与郑庄区块位置(秦勇 等,2008)

沁水盆地在板块构造上属于华北板块,因此其构造演化与不同时期受到的构造应力场方向一致,在晚古生代含煤层系形成后先后经历海西期、印支期、燕山期和喜马拉雅期的构造运动,各时期构造应力场方向不同,但均对研究区的构造格局产生了重要影响(图2-2)。海西期华北板块作为整体受南北两侧洋壳俯冲作用影响呈整体抬升或下降,晚古生代自北向南沉积一套海相-过渡相-陆相含煤地层。印支运动以来,随着洋盆闭合,华北板块受南北向挤压作用,形成一系列东西走向的宽缓褶皱和逆冲断层,沁水盆地与板块内的其他地区构造变形作用类似。中生代以来,受太平洋板块俯冲及扬子板块与华北板块的碰撞,使得华北板块内产生差异性的构造分化,沁水盆地开始进入独立的构造演化阶段,随着太平洋板块和印度板块向华北板块俯冲,产生了NW-SE向的挤压应力,盆地内构造以NE和NNE向为主,晚侏罗世随着华北板块岩石圈增厚与崩塌,形成NE和NNE向的伸展拉张断裂。白垩纪的构造应力场继承了侏罗纪构造挤压作用并造成盆地进一步抬升和剥蚀,逐渐形成现今的复式向斜构造,燕山期造山运动也因此奠定了沁水盆地基本的构造格局。晚白垩世以来,伴随着印度板块的碰撞和不断挤压,盆地内的构造应力场方向转变为NW和NWW向,但该构造应力场作用规模小,叠加于燕山期NE向构造之上,并持续至今。

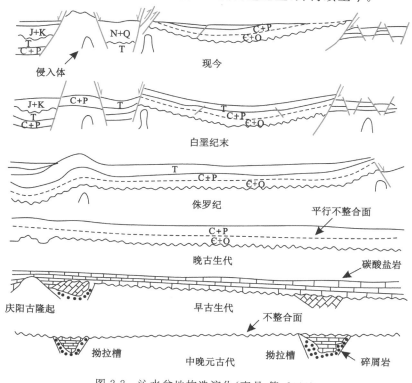

图 2-2 沁水盆地构造演化(李月 等,2011)

总体而言,印支期近南北向的水平挤压应力场对沁水盆地影响不大,主要是导致南侧的隆起抬升,在南缘形成近 EW 向褶皱构造和低角度的逆冲断层。而燕山期 NWW-SEE 方向水平挤压作用产生的 NEE 向复式褶皱最为发育,遍及全区,规模较大,自南向北褶皱走向呈规律性变化,同时燕山期强烈的构造伴随着岩浆的侵入,对含煤地层发育影响尤为明显;喜马拉雅早期 NE 向水平挤压应力场产生的 NW 向褶皱在区内影响较小,叠加在 NNE 向褶皱之上,对石炭-二叠系含煤地层造成的变形程度弱。

2.1.2 含煤地层特征

沁水盆地内含煤地层为石炭-二叠系,自下而上依次发育本溪组、太原组(图 2-3)、山西组(图 2-3)、下石盒子组、上石盒子组和石千峰组。在华北地台晚古生代海陆多次交替发育的沉积历史中,沁水盆地沉积了厚层的碳酸盐岩台地相沉积和海相-过渡相-陆相的含煤泥炭沼泽相沉积。总体而言,沁水盆地晚古生代沉积环境经历多次海进海退,自下而上分别发育海相碳酸盐台地相、障壁岛-潟湖-潮坪相、三角洲沉积体系和曲流河沉积体系。其中滨海相潮

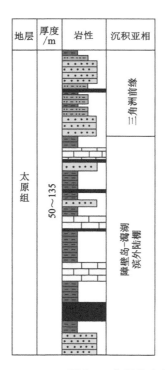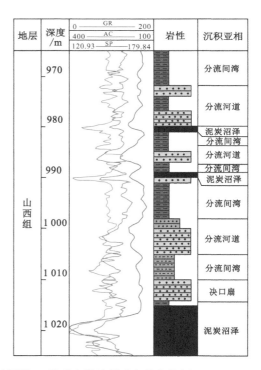

图 2-3　典型沁水盆地石炭-二叠系含煤地层垂向分布特征

左—太原组(徐占杰 等,2016);右—山西组(张璐 等,2012)。

坪沉积和过渡相三角洲沉积体系是该区聚煤作用发生的主要沉积环境,在岩石地层上主要对应太原组和山西组。然而具体到盆地内部,由于海退过程的不等时性,沁水盆地南北太原组和山西组沉积相发育具有一定差异。太原组沉积时期,盆地北部发育三角洲平原相沉积,中南部发育鸿湖相沉积,因此太原组煤层厚度自北向南递减,而盆地东南的晋城地区存在广泛的潮坪沉积,因此该区太原组煤层厚度也较大,而到了山西组沉积时期,盆地自南向北分别发育分流间湾沉积和三角洲平原河道相沉积,因此此时南部煤层厚度显著大于北部(图2-4)。

2.1.3 岩浆侵入特征

山西组煤层埋藏史恢复表明,正常地温梯度下煤层经历的最大古地温不超过 150 ℃,镜质组反射率不超过 1.5%,显然与沁水盆地普遍发育的无烟煤的事实不符。前人大量的碎屑锆石裂变径迹年龄研究结果表明,100~150 Ma 间发生了一次显著的构造热事件(任战利 等,2005),进一步证明中生代构造热事件是造成沁水盆地石炭-二叠煤系镜质体反射率异常高的原因。另一方面,煤层变质带的展布与侵入岩的深度和大小相吻合,如太原西山煤田西部的狐堰山花岗岩、临县紫山花岗岩,都与煤的高变质带相对应[图2-5(a)]。沁水盆地南部晋城地区虽未揭露岩浆岩体,但在晋城、阳城和阳泉矿区均发现有岩浆热液岩脉,磁异常图上亦可识别东西展布的链珠状正异常,表明可能存在隐伏的岩浆岩体(任战利 等,2005)。

岩浆侵入对地层最为显著的作用是地层温度的升高,而温度的升高则会加速煤的热演化进程,迅速提高煤的变质程度。沁水盆地南部高阶煤煤级与岩浆侵入引起的异常高温作用之间的关系更为紧密,高煤级煤的分布与岩浆侵入范围具有很高的匹配性,总体来看沁水盆地内岩浆热事件主要发生在南北两端,这也造成了沁水盆地煤的煤级呈现南北高中间低的基本格局[图2-5(a)]。太原西山煤田西部狐堰山有燕山期岩浆岩体分布,并造成典型的环带状接触变质带,其影响范围为 2~4 km[图2-5(b)]。沁水盆地的南端,晋城地区受岩浆热事件影响显著。晋城地区位于北纬 35°~36°岩浆活动带,其深部变质作用下形成焦煤,在岩浆热的叠加影响下形成无烟煤。郑庄区块燕山期岩浆侵入造成近 300 ℃的异常高温,使得煤变质程度大幅升高,现今煤级更是高达 4.0%左右。燕山期岩浆侵入事件持续了 10 Ma,属于瞬时加热,促进了二次生烃作用。

岩浆侵入作用,特别是浅层侵入作用对煤层渗透性影响明显。岩浆侵入地层必然导致原始地应力的失衡,而应力场的改变促使煤储层发生体积应变甚至破坏,诱发产生后生成因的微裂隙,从而提高原始煤层渗透率,如美国圣胡安盆

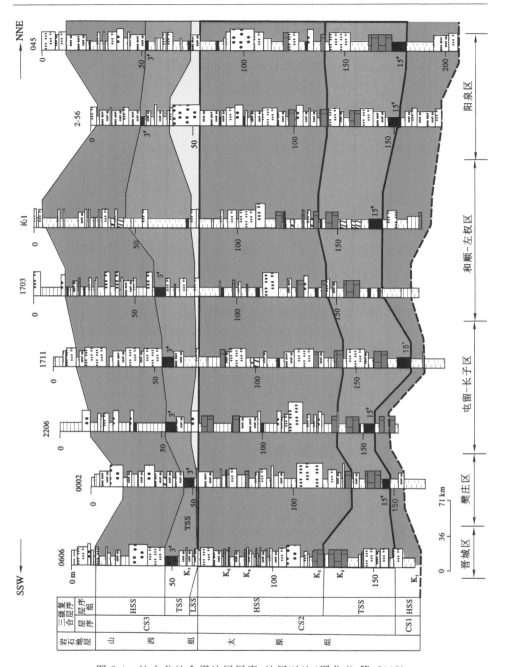

图 2-4　沁水盆地含煤地层层序、地层对比(邵龙义 等,2008)

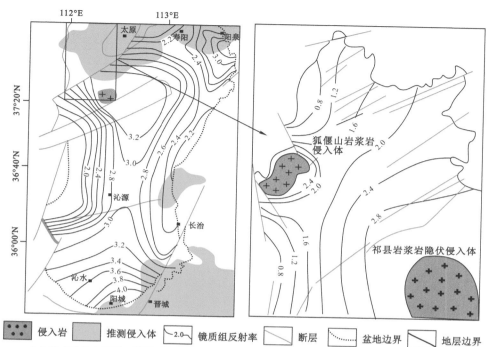

（a）沁水盆地太原组15#煤镜质组反射率与
岩浆侵入体之间的关系（改自Su et al., 2005），
红色区域为高磁异常区，可能为隐伏岩浆岩发育区

（b）沁水盆地北端古交区块主要煤层镜质组反射率
与岩浆侵入体之间的关系（刘洪林 等，2005）

图 2-5

地高阶煤煤层气的高产就得益于岩浆侵入体（Ayers，2002）。表 2-1 总结了我国部分煤矿区煤层煤级、含气性、渗透率与岩浆侵入之间的关系，高阶煤含气量相较于中低煤阶更高，岩浆侵入对含气性影响并不明显，但是岩浆侵入地区，煤层渗透率显著高于其他地区（黄晓明 等，2010；耿昀光 等，2017；侯月华 等，2017；Wang et al.，2015；王金 等，2016；杨起 等，2000；付晓龙 等，2017；伊伟 等，2017）。

表 2-1　中国部分煤矿区煤级、含气性、渗透率与岩浆侵入之间的关系

地区	煤变质程度	含气量/($m^3 \cdot t^{-1}$)	渗透率/mD	岩浆侵入
沁水	高阶煤	15～30	0.5～1.6	有
寿阳-阳泉	高阶煤	13	＞3.0	有
抚顺	中低阶煤	6.4～18.5	1～4	有

表 2-1(续)

地区	煤变质程度	含气量/(m³·t⁻¹)	渗透率/mD	岩浆侵入
淮北	中高阶煤	7.5	1.3	有
织金	高阶煤	13.81	0.11~0.5	有
古交	高阶煤	3~7.5	0.22~1.14	有
寿阳	高阶煤	13.34	0.02~56.31	有
阜新	中低阶煤	4.9	<0.01	无
淮南	中阶煤	6.8	0.2	无
筠连	高阶煤	11.99	<0.03	无
韩城	高阶煤	13.43	0.02~0.48	无
柿庄北	高阶煤	17.7	0.01~0.03	无
安泽	高阶煤	15	<0.005	无

2.2 煤层特征

2.2.1 煤层赋存特征

沁水盆地石炭-二叠煤系共含煤层 11~20 层,其中可采煤层 3~8 层,盆地内大面积稳定发育并可大规模开采的煤层主要为两层,分别是太原组 15# 煤和山西组 3# 煤,是沁水盆地煤层气开发的主力煤层。

(1)煤层埋深

由于沁水盆地在构造上为大型向斜构造,因此煤层埋深自盆地边缘向腹地逐渐增加,盆地边缘及霍山隆起带亦发现有太原组和山西组的煤层露头,而在沁县附近的盆地中心,煤层埋深大于 2 000 m(图 2-6)。盆地北部煤层埋深较浅,寿阳区块 3# 煤埋深小于 600 m,晋城地区埋深小于 1 000 m,郑庄-樊庄区块整体埋深中等,在 800 m 左右,但寺头断层和后城腰断层下盘区埋深较大,局部大于 1 000 m。盆地中部向斜轴部地区煤层埋深普遍较大,大于 1 600 m,祁县附近由于受到一组平行正断层控制,埋深显著大于 2 000 m,最深处达到 4 500 m。总体来看,沁水盆地埋深小于 2 000 m 的煤层占了绝大多数,埋深与盆地构造紧密相关,深度变化向盆地中心逐渐减小。盆地南北两端的煤层埋深等值线具有相似性,而东西部差异较大,受构造控制尤其是断层控制盆地西部煤层埋深连续性较差。

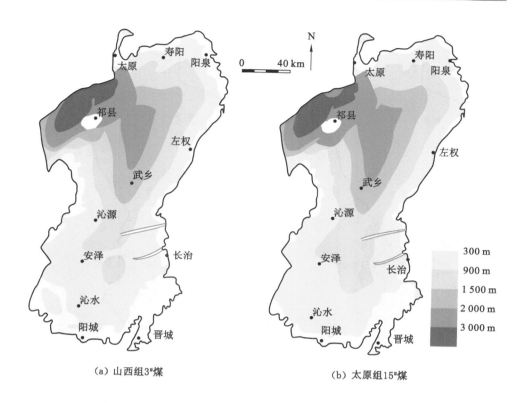

图 2-6　山西组 3# 煤与太原组 15# 煤埋深等值线图（王勃，2013）

（2）煤层厚度

钻井结果显示，山西组 3# 煤层在全区广泛分布，横向上稳定连续，厚度为 0.53～7.84 m，总体变化趋势为由南向北厚度逐渐减小［图 2-7(a)］，这与山西组沉积时期自北向南海退过程有关。但不同地区厚度变化差异较大，东南部厚度较大，安泽-潘庄地区厚度大于 6 m，寿阳-阳泉局部地区厚度达到 3 m 以上，盆地中北部煤层厚度小，基本小于 2 m。太原组 15# 煤层厚度分布特征与 3# 煤层不同，呈现北厚南薄的特征，这是太原组沉积期海侵作用的结果。煤层厚度等值线图块状明显，不如 3# 煤层厚度等值线连续性高，厚度较小的地区包括太古地区、中部沁源以东地区、盆地西南地区。15# 煤层厚度为 0.4～19.4 m，盆地北部的左权和阳泉地区的厚度大于 6 m，向西厚度逐渐变薄［图 2-7(b)］。盆地南部煤层厚度总体比较稳定，仅沁水地区局部厚度达到 4.5 m 以上。

（3）煤储层温度和压力背景

山西组 3# 煤层的煤层气评价井温度统计结果表明，温度与深度具有很高的

— 33 —

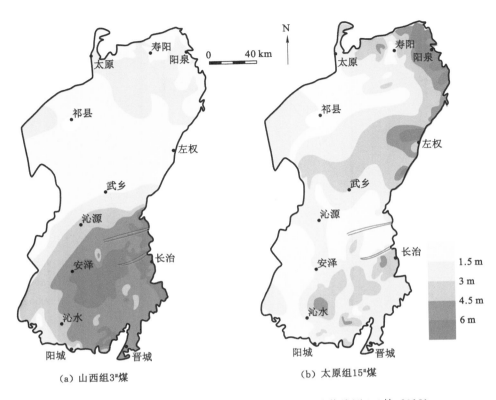

图 2-7   山西组 3#煤厚度与太原组 15#煤厚度等值线图(王勃,2013)

线性关系[图 2-8(a)],属于正常的地温梯度。然而也有学者认为盆地南北端相对较高的地温梯度可能是由于中生代隐伏侵入体的余热效应,这也造成了现今大地热流值的异常,如寿阳地区 SY0002 孔大地热流值达到 101.8 MW/m² (孙占学 等,2006)。孙占学等(2006)的研究表明,沁水盆地地温梯度介于 20.9∼47.6 ℃/km,总体上呈现南北高、中间低的特征。山西组 3#煤实测原始储层压力统计结果见图 2-8(b),煤储层压力数据在不同深度均表现出分散的特征,但都小于 10 kPa/m,表明沁水盆地煤储层为煤层气欠饱和储层。深部煤层的试井压力点数较少,但可以推测,随着埋深的增加,上覆地层的封盖能力加强,储层压力可能会逐渐正常。景兴鹏(2012)的研究结果亦表明,沁水盆地南部 3#和 15#煤层的储层压力变化大,为 0.42∼10.49 kPa/m,其中低压储层占大多数,正常储层与高压储层少见,表明沁水盆地煤储层总体上为欠饱和储层。

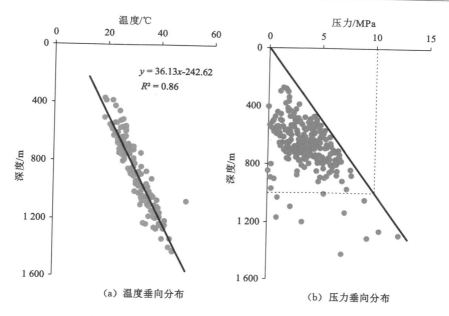

（a）温度垂向分布 （b）压力垂向分布

图 2-8 沁水盆地南部煤储层温度与压力垂向分布

2.2.2 煤岩煤质特征

沁水盆地煤岩组成和煤体结构复杂,变化幅度大,横向上数米范围内发生显著的相变,而在垂向上随厚度和层状特征相变距离更短。煤体结构多见原生结构,在断层发育部位有不同变形程度构造煤出现。宏观煤岩类型以半亮煤为主。石炭-二叠煤层纵向上,在含煤层序内自下而上光亮煤和半亮煤含量逐渐增加;横向上,光亮煤和半亮煤含量在盆地内部自东南向西北逐渐减少。

整体上宏观煤岩成分以亮煤为主,暗煤次之,镜煤条带虽广泛发育,但由于其厚度薄,多呈线理状密集出现,因此在总体含量上并不占优势(图 2-9)。亮煤以条带状发育,多见贝壳状断口,内生裂隙发育,暗煤则以宽条带或透镜状发育,断口参差不齐。宏观煤岩类型以半亮煤和半暗煤为主,发育少量的光亮煤和暗淡煤,其中山西组以半亮煤和半暗煤为主,而太原组以半亮煤和光亮煤为主,部分钻取煤岩特征描述见表 2-2。

本次统计了 50 口沁水盆地煤层气评价井中的煤岩煤质特征,见图 2-10。沁水盆地石炭-二叠煤层的煤级总体较高,与埋深有很高的相关性,向斜轴部与南部均为无烟煤,向两翼煤级逐渐降低,呈带状分布,但祁县和阳泉地区煤级较高,推测与岩浆岩侵入体有关。高煤级煤同时具有高的吸附能力,等温吸附实验

— 35 —

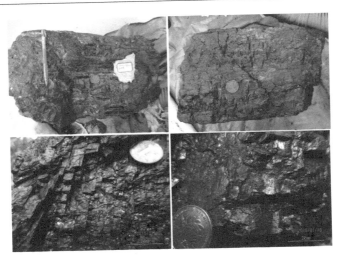

图 2-9　沁水盆地中高阶煤宏观煤岩特征图片

表明,研究区煤的 Langmuir 体积平均在 35 cm³/g,但由于储层压力普遍偏低,实际的甲烷含气性不到 20 cm³/g。工业分析结果显示,该煤具有低的含水量(平均 1%),中等的灰分含量(平均不到 15%),低的挥发分含量(平均 10%)和极低的全硫含量(平均 0.3%)。显微煤岩组分由镜质组、惰质组和矿物组构成,几乎不含壳质组,镜质组占总有机组分的 70% 以上,惰质组占 20% 以上,矿物组主要包括黏土矿物,平均 5%～10% 左右;碳酸盐岩,平均 1%;少量的硅酸盐矿物和硫化物等。部分裂隙填充严重的煤碳酸盐岩矿物和硅酸盐岩矿物含量较高,达到 10% 以上,这两种矿物与酸性的 CO_2-H_2O 溶液反应强烈,是 CO_2 注入的理想储层。煤的元素含量中碳、氢、氮的含量较为均一,氧含量变化较大,平均不到 2%,但部分煤最大达到 6.12%。

表 2-2　沁水盆地南部部分煤层气井煤岩取芯特征与描述

井号	宏观煤岩类型	煤体结构	煤岩描述
沁 20-33 井	光亮煤	原生结构	煤芯主要呈块状、少量饼状,煤芯表面部分遭受泥浆污染。灰黑色,金刚光泽,总体光泽强。煤岩成分以亮煤为主,镜煤次之,呈线理状-细、中条带状,局部见厚度 7 mm 的丝炭夹层。棱角状断口,线理状-条带状结构,层状构造。煤体坚硬。镜煤条带中裂隙发育,裂隙密度:>20 条/5 cm,裂隙中充填少量碳酸盐

表 2-2(续)

井号	宏观煤岩类型	煤体结构	煤岩描述
沁 22-24 井	半暗煤	糜棱结构	煤芯主要呈碎粒状、粉状。部分压实成小块状、团块状,手捻成碎粒状、粉状。从极少量的块煤中可见:煤体疏松,手捻呈碎粒状,初步判定为糜棱结构煤。局部块状煤体中矿物含量高。其他无法观测
沁 21-6 井	半暗煤	碎裂结构	煤芯呈鳞片状、碎粒状,少量呈饼状、粉末状。芯中含有大量厚度约 3~10 mm 的碳质泥岩(呈片状和饼状),矸石中夹极少量线理状镜煤。从少量片状、饼状煤体中可见,煤体灰黑色,金刚光泽,总体光泽较弱。煤岩成分以暗煤为主,夹少量线理状-细条带状镜煤,局部可见厚度约 8 mm 的丝炭。煤体较坚硬,初步判定为碎裂隙结构半暗煤。局部可见镜煤中裂隙极发育,裂隙中充填少量碳酸盐和黄铁矿薄膜
沁 15-26 井	半亮煤	碎粒结构	煤芯主要呈小块状、粒状和粉末状。灰黑色、金刚光泽,总体光泽较强。煤岩成分以亮煤为主,暗煤次之。煤体较疏松。煤中发育构造滑面和擦痕。局部可见亮煤和镜煤中裂隙发育,充填少量碳酸盐矿物薄膜
沁 17-30 井	光亮煤	原生结构	煤芯主要呈短柱状、块状。灰黑色、金刚光泽,总体光泽强。煤岩成分主要为镜煤和亮煤,呈线理状-细、中条带状,煤中局部夹厚度约 4 mm 的丝炭。参差状断口,线理状-条带状结构,层状构造。煤体坚硬,局部矿物含量高。煤芯中夹有厚度约 7 mm 的矸石层,成分主要为黄铁矿和碳质泥岩类矿物。镜煤中裂隙极发育,近网状分布。裂隙中充填少量碳酸盐
沁 19-7 井	半暗煤	碎裂结构	煤芯主要呈块状、碎粒状,少量饼状和粉末状。深黑色,金刚光泽,总体光泽较弱。煤岩成分以暗煤为主,亮煤次之,局部可见线理状镜煤。煤体较坚硬。煤芯中含少量大小约 1.5 cm 的泥岩
樊 73 井	暗淡煤	原生结构	煤芯主要呈碎粒状,少量块状、饼状、短柱状。煤芯中混入泥浆。从少量块状、饼状、短柱状煤中可见:煤体为灰黑色,金刚光泽,总体光泽弱。煤岩成分主要为暗煤,夹极少量线理状-细条带状镜煤。棱角状断口。似均一状结构,可见纤维状结构,块状构造。部分煤中矿物含量高。裂隙不发育,部分裂隙中充填少量碳酸盐

表 2-2(续)

井号	宏观煤岩类型	煤体结构	煤岩描述
古 1-16 井	半暗煤	原生结构	煤芯主要呈团块状,手捻成碎粒状、粉状。从少量块煤中可见,煤体为灰黑色,金刚光泽,总体光泽较弱。煤岩成分以暗煤为主,夹线理状-细条带状镜煤,局部见厚度 3 mm 丝炭。棱角状断口,线理状-条带状结构,层状构造。煤体较坚硬,局部较疏松。煤体层面上构造滑面。初步判定为原生结构
郑试 24 井	半亮煤	原生结构	煤芯呈柱状。钢灰色,似金属光泽,总体光泽强。煤岩成分以亮煤为主,暗煤次之,夹线理状-细、中条带状镜煤;光亮成分含量 75%;贝壳状断口;稀疏线理状结构;块状构造;煤体极坚硬。未见矿物结核及包裹体。发育两组裂隙,近直交,垂直水平层理,裂隙走向大体一致。主裂隙极发育:密度 22 条/5.0 cm,长度 1.0～7.0 cm,高度 1.0～3.5 cm;次裂隙发育,密度 6 条/5.0 cm,长度受主裂隙控制,高度不清;裂隙中可见大量白色矿物薄膜充填,连通性中等

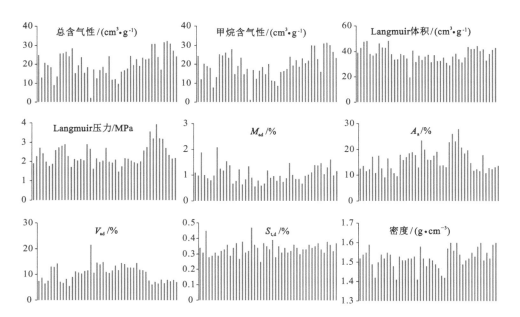

图 2-10 沁水盆地部分煤层气评价井煤储层及煤质特征

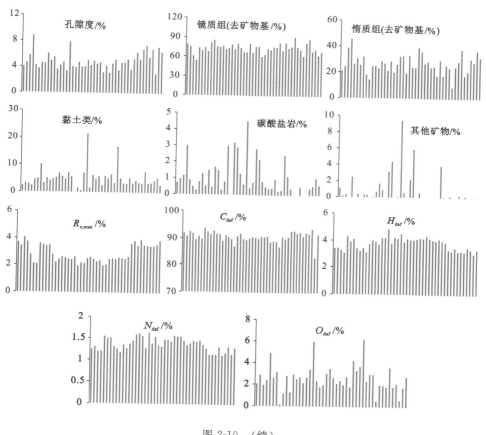

图 2-10 （续）

2.2.3 孔裂隙发育特征

　　沁水盆地煤岩显微孔隙主要包括残留原生孔隙、次生孔隙、超微裂隙和差异性收缩孔。其中差异性收缩孔是不同显微组分类型间由于地温变化造成不同物质差异性热胀冷缩所致,较为明显的是矿物组分与煤岩组分的裂隙型孔隙[图2-11(a)]。次生孔隙类型以气孔最为常见[图2-11(b)],其成因是在有机质热演化过程中由于气体逸散而留下的,原始部位可能是有机质侧链断裂或大分子缩聚的集中部位,对煤中孔隙体积影响较大,特别是沁水盆地的高阶煤,经过强烈的热裂解作用后留下大量次生气孔,该类孔隙一般单独出现,形状大小不一,也没有一定的排列形式,受煤的化学组成非均质性控制。此外,次生气孔多出现在生气能力较强的镜质组中。原生孔隙在高阶煤中较为常见,常常伴随着原始植

— 39 —

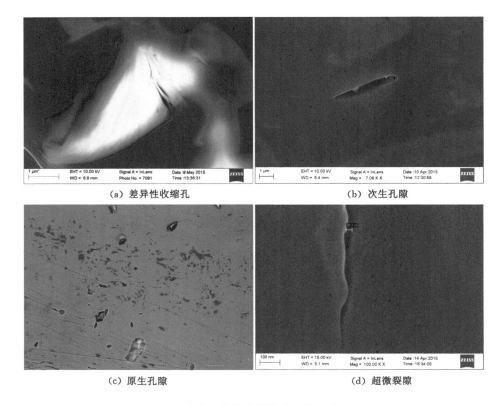

（a）差异性收缩孔

（b）次生孔隙

（c）原生孔隙

（d）超微裂隙

图 2-11   沁水盆地中高阶煤孔隙发育形态显微照片

物细胞结构出现,如细胞腔中空的丝质体和半丝质体[图 2-11(c)],该类孔隙与原始植物细胞结构有关,形态一致,为椭圆形,分布具有一定规律。此外,在微粒黄铁矿发育的太原组煤层中,晶体堆叠后形成的晶间孔也较为发育。超微裂隙一般为纳米级,裂隙宽度小于 50 nm,长度十几到几百纳米不等[图 2-11(d)],裂隙面不平整,在高阶煤中大量发育,是沟通孔隙与渗流裂隙的重要通道。

煤层发育双重孔隙系统,包括孔隙和裂隙,其中裂隙主要提供了流体扩散和渗流的通道,决定了煤层气产出和 CO_2 注入能力,因此在指导开展 CO_2-ECBM实施中,煤层原始裂隙系统的研究对相关注入井的部署具有积极意义。盆地内煤层割理系统在镜煤条带中发育[图 2-9,图 2-12(a)],端割理沟通了面割理形成相互连通的割理网络,端割理长度约为 1 mm,宽度约为 10 μm。研究区煤的煤级较高,经历大强度的生烃作用,在流体突破和延展的路径上逐渐拓展为多条裂隙,类似于辫状河形状[图 2-12(b)]。雁行状裂隙是受到走滑构造产生的剪

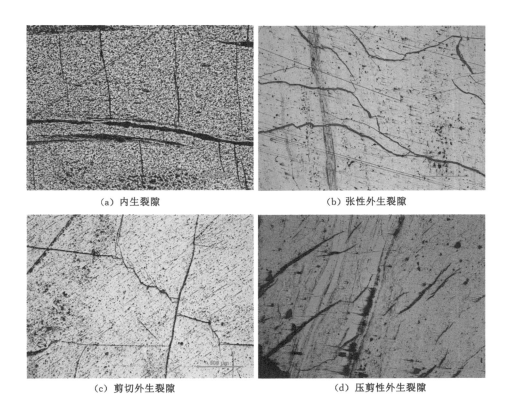

(a) 内生裂隙   (b) 张性外生裂隙

(c) 剪切外生裂隙   (d) 压剪性外生裂隙

图 2-12　沁水盆地中高阶煤微裂隙发育形态显微照片

切作用产生的,该类裂隙多为张裂隙,相互间不连通,部分被矿物充填,裂隙长度 0.5～1.5 mm,宽度较大 20～30 μm[图 2-12(c)]。此外,煤样中多见不同期次裂隙相互切割[图 2-12(d)],是煤变质作用过程中遭受多期不同性质构造运动的影响产生的。该类型裂隙沟通了不同裂隙系统,对提高储层渗透率具有显著影响。

课题组采集的 6 组沁水盆地南部中高阶煤的显微裂隙统计结果显示,不同地区裂隙发育程度与规模差异性较大。总体来看,显微裂隙密度较高,均大于 10 条/cm²;裂隙密度分形维数在 2 左右,表示较为复杂的裂隙结构;外生裂隙长度和开度显著大于内生裂隙(表 2-3),这是由于沁水煤在形成后经历多期不同性质构造运动的影响。研究亦表明外生裂隙连通性明显好于内生裂隙,是煤层渗透率的主要贡献者(孙家广 等,2017)。

表 2-3　沁水盆地中高阶煤显微裂隙统计数据(孙家广 等,2017)

样品号	裂隙		内生裂隙		外生裂隙	
	密度/(条·cm⁻²)	分形维数	长度/mm	开度/μm	长度/mm	开度/μm
BF	16.75	1.91	0.22~1.56	1.68~16.29	0.20~5.37	5.91~45.53
CZ	14.5	1.64	0.12~1.91	8.26~31.76	0.22~7.90	3.90~50.8
LC	14	1.58	0.20~0.73	4.42~9.07	0.11~4.84	4.73~46.91
SH	16.5	2	0.07~0.31	3.71~11.23	0.85~4.29	6.39~29.71
YW	10.5	1.46	0.15~0.85	5.3~16.93	0.42~7.69	4.25~122.95
ZZ	12.25	2.29	0.10~0.46	3.98~7.74	0.49~6.51	3.53~44.34

2.3　煤层气地质

2.3.1　含气性及其控制因素

沁水盆地煤的煤级较高,总体含气性较好,但与埋深相关性高,自盆地边缘煤层露头到盆地中心,煤层埋深增加含气量也显著增加,不同构造部位由于应力条件的差异形成局部的高含气带。

(1)埋深控气

Pashin(2010)认为黑武士盆地煤层现场解吸含气量随埋深增加而增加的趋势并不稳定,这可能与煤级有关(Moore,2012)。叶建平等(2014)发现沁南 3# 和 15# 煤层含气量随埋深增大而增大,但相关性不明显。就整个沁水盆地而言煤层埋深与含气量具有较高的相关性,埋深大于 1 000 m 的地区含气量大于 5 m³/t,埋深大于 1 500 m 的地区含气量大于 10 m³/t[图 2-13(a)],其中南部阳城地区与北部寿阳地区煤层的高含气量是由于该区煤层具有更高的煤级。垂向上综合多组数据的结果显示,沁水盆地高阶煤含气量在 800 m 以浅变化不显著,800~1 000 m 随埋深增加而增加,1 000 m 以深随埋深增加而减小[图 2-13(b)]。高阶煤储层含气性与其吸附能力密切相关,吸附能力的温度负效应和压力正效应在埋深条件下体现为先增后减,最大吸附能力在 1 000 m 左右(Han et al.,2017),这与煤层实际含气量测试结果一致,表明煤储层埋深对高阶煤含气量影响体现在温度压力约束下的煤层吸附能力。

(2)构造控气

现今构造格局对高阶煤储层含气性的影响主要体现在能否形成有利的保存

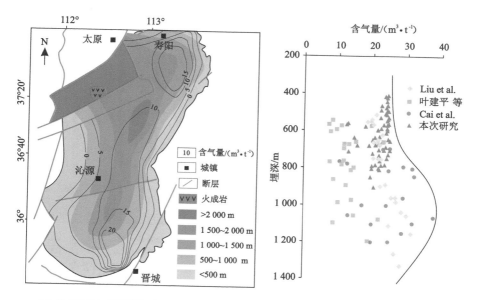

（a）沁水盆地15#煤层埋深与产气量平面分布图
（改自Su et al.，2005）

（b）沁水盆地煤层埋深与含气量的关系
（Cai et al.，2011；Liu et al.，2014；叶建平 等，2014）

图 2-13

和封盖条件上，构造与地层的有利配置是保证煤层气富集的基础（Pashin，1998）。向斜轴部上覆地层处于受压状态，断层和裂隙不发育，有利于煤层气的保存，而背斜上覆岩层处于拉张状态，煤层气不易聚集，因此对于埋深不大的煤层来说，向斜轴部为煤层气富集区，含气量和渗透率较高。沁水盆地南部郑庄区块向斜轴部均为煤层气富集区，含气量在 20 m³/t 以上，复式向斜轴部含气量更是高达 30 m³/t［图 2-14（a）］，郑庄区块东南部具拉张性质的半地堑部位也具有较高的含气量，这是由于该区煤层埋深较大（平均大于 800 m），高储层压力有利于煤层吸附甲烷，而郑庄高产井的工程实例则证明正断层和背斜对深部煤层产气能力具有较好的促进作用（Meng et al.，2011）。樊庄区块正断层中间的高产井分布［图 2-14（b）］与美国 Black warrior 盆地 Deerlick creek 区块东南部高产井分布的构造部位相同，亦证明正断层性质的半地堑对渗透率具有积极贡献，这是由于半地堑整个地块均受到剪切拉张作用，整体变形程度较高，裂隙更为发育，易出现高产井（Pashin，1998）。

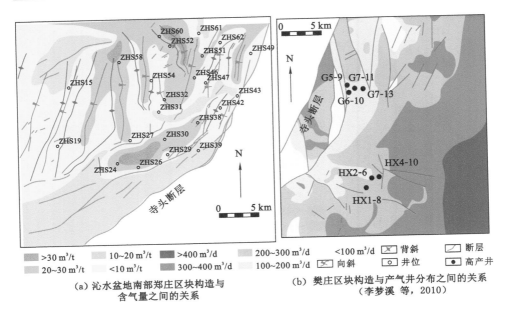

（a）沁水盆地南部郑庄区块构造与
含气量之间的关系

（b）樊庄区块构造与产气井分布之间的关系
（李梦溪 等，2010）

图 2-14

2.3.2　渗透率及其控制因素

沁水盆地煤层渗透率总体较低，南部主煤储层的单井平均渗透率均小于 2 mD，渗透率小于 0.1 mD 的占 50% 左右（傅雪海 等，2001）。煤层渗透率是地应力条件和煤体结构共同控制的结果，其中埋深和构造应力场控制了煤层所受地应力的大小和方向，而煤体结构则决定了渗透率的通道大小和弯曲程度等。

（1）埋深

沁水盆地高阶煤渗透率受埋深控制明显，总体上随着埋深的增加而增加，尤其在构造相对不发育的中部，渗透率等值线与煤层埋深等值线几乎呈平行关系［图 2-15（a）］。盆地东南部渗透率的显著高异常是断层发育的结果。从垂向上看，沁水盆地高阶煤渗透率随埋深加大具有指数减小的趋势，埋深大于 900 m 渗透率普遍小于 0.1 mD［图 2-15（b）］，这一结果与澳大利亚含煤盆地一致（Moore，2012）。Ye（2014）通过统计沁水盆地 63 口井发现埋深大于 700 m 后，渗透率急剧降低，800 m 以深渗透率约束在 0.45 mD 以下。埋深的增加意味着上覆静岩压力的增加，作用在煤层上必然导致煤层孔-裂隙的压缩甚至闭合，从而导致渗透率降低。然而特定埋深下的煤层，其渗透率变化仍然很大，这是由煤本身具有的强非均质性和构造应力的区域性差异导致的。如图 2-15（b）所示，

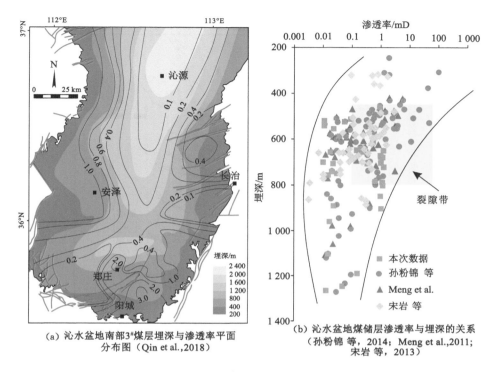

(a) 沁水盆地南部3#煤层埋深与渗透率平面
分布图（Qin et al.,2018）

(b) 沁水盆地煤储层渗透率与埋深的关系
（孙粉锦 等，2014；Meng et al.,2011；
宋岩 等，2013）

图 2-15

在埋深 500～800 m 范围内，相似埋深煤层渗透率相差 3～4 个数量级，极高渗透
率来自煤储层中广泛发育的裂隙/微裂隙（孙粉锦 等，2014）。

（2）构造

现代构造应力场与渗透率关系密切，其主挤压应力方向与煤层裂隙优势发
育方向一致或相近则可能产生高的渗透率，反之则渗透率较低。不同构造样式
是不同构造应力场作用的结果，因此不同性质的构造与渗透率可能具有完全不
同的影响。沁水盆地整体上为一个大型的 NNE 向展布的复式向斜，东西盆地
边缘构造变形较强，多显示为挤压性质的逆冲断层（秦勇 等，2008）。而沁水盆
地 3# 煤层渗透率总体表现为轴部渗透率较低，而两翼渗透率较高（图 2-16），这
是由于煤层主要发育 NNW 向优势节理，与中生代以来主要的构造挤压应力方
向呈近垂直关系，因此该主构造应力反而有利于优势裂隙的扩展和张开，渗透率
呈 NE 展布方向，与盆地内主要褶曲构造轴部迹线方向一致，亦与喜马拉雅山期
主压应力方向一致，因此褶曲两翼渗透率高于轴部（图 2-14）。盆地东南部阳城
区块和郑庄区块具有明显的高渗透率特征显然是受到了 NNE 向高角度正断层

（寺头断层和晋获断裂）的影响。

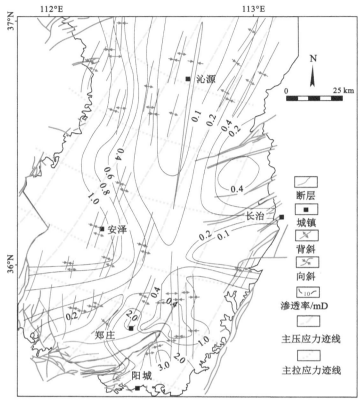

图 2-16　沁水盆地南部主要构造，喜马拉雅期构造应力场与 3# 煤层
渗透率关系平面图（秦勇 等，2008；2018）

除了构造类型，褶曲的曲率也是影响煤层渗透率的重要因素（Pashin，1998；
陈金刚 等，2007）。褶曲曲率过小，煤层改造程度低，裂隙不发育，对渗透率贡献
不明显，相反如果曲率过大，煤层变形严重，甚至生成糜棱煤则会导致渗透率显
著降低，因此适中曲率的褶曲是煤层气富集的前提，而随着埋深增加，构造导致
的水平应力作用对渗透率控制作用逐渐减小（陈金刚 等，2007）。秦勇等（2008）
研究表明沁水盆地高阶煤高渗区的构造曲率在 $0.05×10^{-4}～0.2×10^{-4}$ m，郑
庄区块和阳城区块主构造曲率在 $0.1×10^{-4}$ m 左右，因此表现为高渗透率发
育区。

（3）煤体结构

煤体结构是反映煤岩力学强度的重要参数，而在煤层形成后不可避免会受

到后期构造运动的改造,未变形煤受构造应力改造或破坏发生变形从而改变原有的结构甚至内部化学成分,形成构造变形煤,按变形机制可分为脆性变形煤(碎裂煤),脆性韧性叠加变形煤(碎粒煤)和韧性变形煤(糜棱煤)。姜波等(2004)根据不同变形环境和应力状态又细分为 10 类,并做了系统的物性特征总结。脆性变形煤质地坚硬,可见或部分可见原生结构,节理发育,可见内生裂隙不可捏碎或捏碎块体较大(>10 mm)。韧性变形煤质地松软,呈揉皱或糜棱构造,无节理,裂隙极发育,手捏易呈粉状。脆性韧性叠加变形煤的宏观煤岩特征介于两者之间。

煤体变形程度是影响渗透率的主要因素,碎裂煤总体渗透率比原生结构煤和碎粒/糜棱煤高 2 个数量级左右,表明适当的构造变形破坏产生的微裂隙对渗透率有明显的贡献(图 2-17)。Li 等(2012)通过 NMR 和 X-CT 实验亦揭示不同煤体结构中,碎裂煤具有最高的渗透率。原生结构煤经过轻微改造形成的碎裂煤,其裂隙系统扩展并相互连接能够极大提高渗透率有利于解吸气体释放,碎裂煤发育区是煤层气富集高产区(Markowski,1998;Teng et al.,2015)。如樊庄区块褶皱轴部碎裂煤比例高的部位,渗透率最高,是高产井的主要分布区(Song et al.,2013)。而强烈构造应力能使原生结构煤发育糜棱结构,这种情况下煤原生割理裂隙系统不复存在,宏观裂隙迂曲度增加,连通性极差,进而降低了原始渗透率(姜波 等,2004;Zhang et al.,2017)。图 2-18 展示了未变形煤、碎裂煤、碎粒煤和糜棱煤的微观裂隙发育特征,可以看到未变形煤裂隙不发育且相互之间独立,连通性不高,碎裂煤裂隙发育且相互连通,形成渗流网络,极大提高了渗透率,随着煤体结构进一步破碎,裂隙之间相互交错,宽度变窄,大中孔显著减

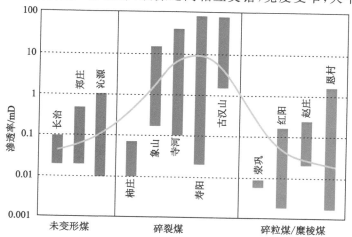

图 2-17 中国主要高阶煤不同煤体结构渗透率分布图(改自康永尚 等,2017)

少,流体在裂隙中流动缓慢且相互影响,难以形成统一的渗透路径,降低了总体渗透率。

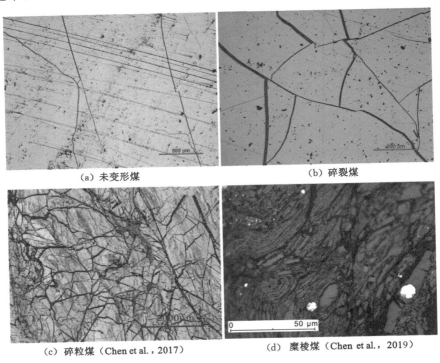

（a）未变形煤　　　　　　　　（b）碎裂煤

（c）碎粒煤（Chen et al.，2017）　　　（d）糜棱煤（Chen et al.，2019）

图 2-18　不同煤体结构煤微观裂隙照片

2.4　小结

本章探讨了沁水盆地地质背景,论述了沁水盆地构造及地层条件、含煤地层特征、岩浆岩分布及其对煤级影响、煤储层条件以及煤岩成分和结构特征,并分析了沁水盆地 3# 煤含气性与渗透率特征及其主要控制因素。

（1）沁水盆地整体构造特征简单,为一大型 NNE 向复式向斜构造,向斜内部断层不发育,自晚古生代含煤地层形成以来,经历印支、燕山和喜马拉雅山运动,但对盆地内部构造复杂性影响不大;含煤地层形成于大型浅水三角洲沉积体系,煤层自南向北逐渐变薄;沁水盆内南北具有隐伏岩浆岩体发育,造成盆地两端煤级较高且受应力场改变诱导有助于提高煤层渗透率。

（2）沁水盆地煤层埋深与构造特征相关。构造整体呈中间深、两侧浅的特征;煤层厚度除南部厚度较大,其他地区较为均匀,平均在 1 500 m 左右;煤岩组成和煤体结构复杂,变化幅度大,横向上数米范围内发生显著的相变,而在垂向上随厚度和层状特征相变距离更短。煤体结构多见原生结构,在断层发育部位有不同变形程度构造煤出现。

(3)沁水盆地 3# 煤层整体含气性较高,含气性随埋深变化呈先增大后减小的趋势,最大含气性在 1 100 m 左右,含气量约为 30 m³/t。而渗透率在埋深加深的情况下逐渐减小,浅部煤层衰减较快,深部煤层除少量具有高渗透性外,基本小于 0.1 mD。构造条件对含气性和渗透率的控制作用不同,含气性较高的部位一般位于挤压应力区,有利于气体的保存,而渗透率较高的部位一般位于张性应力区,有利于裂隙系统展开。

(4)沁水盆地发育稳定的复式向斜构造,盆地内构造相对简单,深部煤层上覆上、下石盒子组厚层的致密砂泥岩,总体构造地层条件优越,有利于注入后 CO_2 的保存;深部煤层埋深适中,平均在 1 500 m 左右,厚度大,平均 5 m 左右,变质程度高,孔裂隙较为发育,CO_2 存储潜力可观;沁水盆地深部煤层含气性和含气饱和度高,总体为原生结构煤,适合开展储层改造提高煤层渗透率。因此沁水盆地深部煤层具有开展 CO_2-ECBM 工程的地质条件。

3 实验样品、方法与结果

　　沁水盆地不仅是我国主要的煤层气勘探开发区,也是重要的 CO$_2$-ECBM 工程示范区。本次开展的深部煤层 CO$_2$ 地质封存机制与潜力评价研究亦选址此盆地。实验样品为盆地周缘埋藏相对较浅的煤矿,采样煤体结构为原生结构,通过大量煤层气井钻测井结果对比可知,所采煤样与深部煤层结构与性质类似,具有代表性,可用于开展深部煤层超临界 CO$_2$ 等温吸附模拟实验。为实现本次研究目标——超临界 CO$_2$ 吸附封存机制与煤中 CO$_2$ 地质封存量评价,研究人员开展了煤岩煤质测试、煤岩的全孔径尺度定量表征与不同条件下超临界气体等温吸附实验。不同实验内容为研究提供了必要的数据保证(图 3-1)。煤的孔隙结构不仅影响超临界 CO$_2$ 在不同孔径中的吸附状态,还决定了 CO$_2$ 地质封存量的大小。而不同实验条件下煤岩 CO$_2$ 等温吸附实验为探讨超临界 CO$_2$ 吸附机理与建立超临界 CO$_2$ 吸附模型提供了依据。

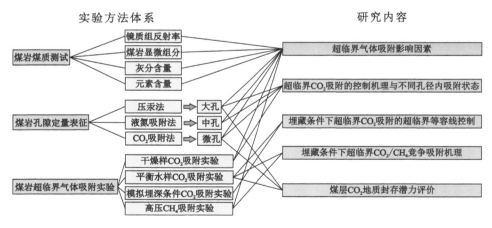

图 3-1　实验方法与研究内容的对应关系

　　项目组成员根据研究内容开展了煤岩煤质测试、煤岩孔隙定量表征测试与煤岩超临界气体吸附实验,通过各吸附影响因素的分析,以煤岩孔隙定量测试和

干燥样超临界 CO_2 吸附实验结果为依据,从孔隙尺寸着手,阐述不同孔径孔隙内超临界 CO_2 吸附状态及其温度压力条件改变下吸附相变化规律,进而构建煤岩全孔径尺度内超临界 CO_2 吸附模式;埋藏条件下 CO_2 相态变化剧烈,多温度点平衡水条件与模拟埋深条件下 CO_2 吸附实验可为不同埋深下 CO_2 吸附状态分析提供充足的吸附数据,这两组实验与高压 CH_4 吸附实验结果对比可进一步分析相同煤岩与埋藏条件下 CO_2/CH_4 竞争吸附作用;此外平衡水条件煤岩超临界 CO_2 吸附实验为评估不同埋藏条件 CO_2 吸附封存量提供了 CO_2 吸附能力这一重要参数。

3.1 煤样

3.1.1 采样点

本次研究的样品采自沁水盆地地下开采煤矿的新鲜工作面,采样煤矿的分布如图 3-2 所示,采样深度在 $200\sim800$ m 之间,采样层位为山西组 3# 煤层。采样煤矿分别为新景矿、新源矿、李村矿、赵庄矿、余吾矿、成庄矿和寺河矿。采样煤矿多集中于煤层气开发条件好的中南部,南部主要为无烟煤,中部为瘦煤和贫煤。所有煤样从采煤工作面剥离后迅速装入真空的密封袋中,标上序号待用。

煤样运回后的预处理均在中国矿业大学煤层气资源与成藏过程教育部重点实验室进行。煤样经手标本描述和拍照分类后进行缩分处理,各煤样均分为四等分,分别用于煤岩煤质测试、孔隙结构参数测试、高温高压等温吸附实验和留白样以备后期补充实验。各实验对样品形状粒度要求不同,需参照对应国家标准的要求进行制样。

3.1.2 煤岩特征

煤样破碎均分至 $45\sim60$ 目,制成粉煤砖并抛光后放入干燥箱中。煤岩镜质组反射率测定遵照《煤的镜质组反射率显微镜测试方法》(GB/T 6948—2008)执行,在煤层气实验室的显微光度计上,统计了均质镜质组最大油浸反射率 100 个点,取平均值作为该煤样的镜质组反射率值,统计测试结果见表 3-1,本次实验所用煤样镜质组反射率最小是 XY 煤,为 1.81%,最大为 SH 煤,为 3.33%。煤岩显微组分统计在同一光度计下进行,通过等距移动载物台观测和定名 500 个煤岩显微组分点,计算各显微组分的体积比,测定方法遵照《煤的显微组分组和矿物测定方法》(GB/T 8899—2013)执行。结果显示,沁水中高阶煤显微组分以

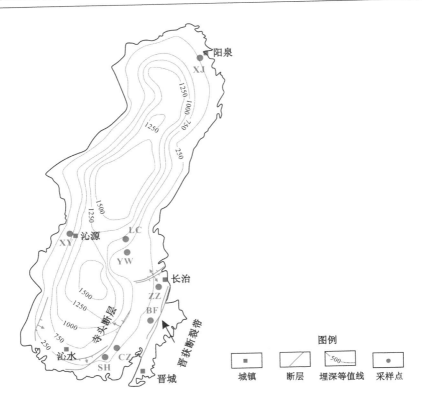

图 3-2　沁水盆地采样点位置

镜质组为主,占 70.7%~81.3%,惰质组次之,占 18.7%~29.3%,显微组分与煤级关系不明显[图 3-3(a)],未发现壳质组,矿物组分主要为石英、方解石、黄铁矿和少量的黏土矿物。

表 3-1　沁水盆地中高阶煤工业分析与元素分析结果

样品号	$R_o/\%$	镜质组 /Vol.%	惰质组 /Vol.%	M_{ad} /wt.%	A_{ad} /wt.%	VM_{daf} /wt.%	FC_{ad} /wt.%	O_{daf} /%	C_{daf} /%	H_{daf} /%	N_{daf} /%
XY	1.81	80.77	19.23	0.81	5.35	15.26	80.20	9.30	80.32	4.43	1.14
LC	2.19	75.56	24.44	1.10	11.98	13.44	76.19	2.44	91.73	4.12	1.12
YW	2.38	77.23	22.77	1.96	5.72	11.59	83.36	2.84	91.17	3.90	1.09
ZZ	2.44	80.16	19.84	1.61	12.16	10.46	78.65	2.13	91.60	4.15	1.07
XJ	2.64	70.70	29.30	1.66	10.02	10.10	80.89	3.05	91.52	3.96	1.06
BF	2.83	71.72	28.28	2.05	9.40	9.86	81.67	2.42	91.82	3.85	1.06

表 3-1(续)

样品号	R_o/%	镜质组/Vol.%	惰质组/Vol.%	M_{ad}/wt.%	A_{ad}/wt.%	VM_{daf}/wt.%	FC_{ad}/wt.%	O_{daf}/%	C_{daf}/%	H_{daf}/%	N_{daf}/%
CZ	2.96	77.98	22.02	2.71	12.18	6.94	81.72	3.27	92.84	2.31	1.01
SH	3.33	81.30	18.70	1.48	13.12	6.32	81.39	2.98	93.45	2.15	1.00

注释:R_o—镜质组反射率,M—水分含量,A—灰分含量,VM—挥发分含量,FC—固定碳含量,O—氧含量,C—碳含量,H—氢含量,N—氮含量,ad—空气干燥基,daf—干燥无灰基。

3.1.3 煤质特征

用于工业分析和元素分析的煤样为缩分样,粒度为 80~100 目,质量为 5~10 g,测试在煤层气资源与成藏教育部重点实验室进行,分析方法分别遵照国家标准《煤的工业分析方法-仪器法》(GB/T 30732—2014)和《煤的元素分析》(GB/T 31391—2015)选择,分析结果见表 3-1。

本次研究煤样水分含量为 0.81%~2.71%,灰分含量为 5.35%~13.12%,挥发分含量为 6.32%~15.26%,固定碳含量为 76.19%~83.36%,氧含量为 2.13%~9.3%,碳含量为 80.32%~93.45%,氢含量为 2.15%~4.43%,氮含量为 1%~1.14%。煤样水分含量较低,低煤级煤水分含量显著低于无烟煤,煤级与灰分含量呈轻微正相关,与挥发分含量呈显著负相关关系[图 3-3(b)],固定碳含量分布较为均匀,可能与煤级范围较窄有关。煤的元素含量除 XY 煤具

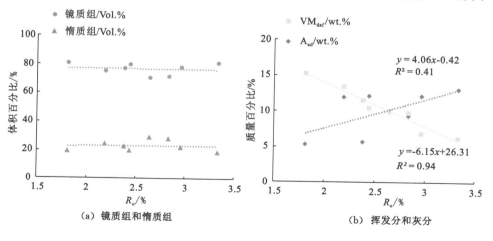

（a）镜质组和惰质组　　　　（b）挥发分和灰分

图 3-3　煤岩煤质参数与煤级的关系

有显著高的氧含量外,其余煤样氧含量相似,这是由于煤的变质作用是脱含氧基团的过程,进入高变质阶段,含氧基团基本消失,因此变化不明显。氢和氮含量与煤级呈负相关关系,这与挥发分含量有关,挥发性的有机质具有较高的氢含量和氮含量。

3.2 实验方法

3.2.1 孔裂隙结构定量表征

煤岩孔裂隙特征主要包括孔体积和孔比表面积,不仅影响 CO_2 的吸附行为,也直接决定了游离态 CO_2 的含量。为了表征孔体积和孔比表面积对 CO_2 吸附行为的影响机理和计算煤岩 CO_2 静态封存量和溶解封存量,需首先获得煤岩的孔隙结构参数。然而目前的孔隙结构参数的测试方法仅能表征一定孔径范围内孔隙特征,如压汞法孔径测试范围大于 3 nm,液氮吸附法孔径测试范围为 $1.5\sim50$ nm,低温 CO_2 吸附法孔径测试范围为 $0.3\sim1.2$ nm,单独一种方法无法表征全孔径范围内孔隙发育特征,因此需要通过联用上述三种方法对全孔径范围孔隙进行有效表征。其中低温 CO_2 吸附法所测孔隙为微孔,是气体吸附作用发生的主要空间,对探讨煤岩超临界 CO_2 吸附机理至关重要,而压汞法所测孔隙主要为大中孔,是游离态 CO_2 保存的主要场所。因此本次研究采用三种不同测试方法得到煤岩全孔径范围内孔隙结构参数,为后文超临界 CO_2 吸附机理与 CO_2 地质存储潜力评价提供基础数据。

(1) 压汞法

压汞测孔隙结构实验在煤层气资源与成藏过程教育部重点实验室开展,沁水盆地 8 批中高阶煤为破碎后的煤块,为保持煤中原生孔裂隙结构,选取沿煤割理破碎的较为平整的煤样,真空环境下干燥后放入汞孔隙率仪(AutoPore IV 9510)中,该设备能利用自带软件自动计算不同孔径的孔隙结构参数。实验流程遵照《压汞法和气体吸附法测定固体材料孔径分布和孔隙度 第 1 部分:压汞法》(GB/T 21650.1—2008)执行。汞注入加压范围是 $0.009\,9\sim413.46$ MPa,汞接触角为 $130°$,表面张力为 0.48 N/m。由于煤样在高压下会发生形变,特别是高压下的中孔(>20 MPa),因此得到的孔隙参数需经过煤压缩系数的校正。

(2) 液氮吸附法

低温液氮测孔隙结构实验在北京市理化分析测试中心开展,沁水盆地 8 批中高阶煤经过破碎、研磨和筛分后,取粒径 $60\sim80$ 目的煤样 10 g 用于低温气体吸附实验,吸附实验前需将样品放入 120 ℃真空干燥箱中干燥 12 h。吸附实验设备为 Quantachrome Autosorb © IQ 微孔物理化学吸附分析仪,实验温度为 −196 ℃。孔隙结构参数由设备自带的软件自动计算,计算范围为相对压力 $0.01 < P/P_0 < 0.995$。实验流程遵照《压汞法和气体吸附法测定固体材料孔径分布和孔隙度　第 2 部分:气体吸附法分析介孔和大孔》(GB/T 21650.1—2008)执行。本次研究运用非定域密度函数理论(NLDFT)精确描述煤中中孔和微孔的结构特征。该理论是密度函数理论(DFT)的改进结果,被广泛应用于微孔或中孔材料的孔径分布表征,该改进理论能够为较大范围孔径分布提供高精度的结果。

(3) 低温 CO_2 吸附法

沁水盆地 8 件中高阶煤低温 CO_2 测孔隙结构实验同样在北京市理化分析测试中心开展,样品要求与液氮吸附法实验一致,吸附实验温度为 0 ℃,相对压力范围为 $0 < P/P_0 < 0.032$。实验流程遵照《压汞法和气体吸附法测定固体材料孔径分布和孔隙度　第 3 部分:气体吸附法分析微孔》(GB/T 21650.3—2011)执行。微孔结构描述方法同样为 NLDFT(nonlocal density functional theory,非局部密度泛函理论),因此液氮吸附所测中孔与低温 CO_2 所测微孔的结构参数可以进行直接对比。

3.2.2　等温吸附实验

煤中 CO_2 地质封存量的主要贡献者是吸附封存(White,2005)。开展不同条件下高压 CO_2 等温吸附实验是探讨深部煤层环境中超临界 CO_2 吸附机理与计算煤层中 CO_2 封存量的必要手段。通过设置不同的实验条件,如干湿条件、温度和最高平衡压力,获取不同实验结果,借以分析超临界 CO_2 与煤的相互作用,建立含水煤层超临界 CO_2 吸附能力计算模型。通过开展用于对比的高压 CH_4 等温吸附实验,为煤储层条件下 CO_2/CH_4 竞争吸附特征与可能的诱发机制提供充分的实验证据。因此本书针对深部煤层 CO_2-ECBM 的 CO_2 地质封存中重要的 CO_2 吸附封存机制、吸附能力评价与 CO_2/CH_4 竞争吸附过程,开展了干湿煤样 CO_2/CH_4 等温吸附实验,模拟煤层环境 CO_2 等温吸附实验和高压 CH_4 吸附实验。

(1) 干燥无烟煤样 CO_2 等温吸附实验

本组实验用煤样为无烟煤,分别是 XJ 煤、BF 煤、CZ 煤和 SH 煤,吸附实验所用煤样粒度为 60~80 目,实验前保存在密封的真空袋中,取缩分煤样 50 g 放入隔热空气干燥箱中,90 min 后取出称重,随后放入 105 ℃真空干燥箱中去除水分,1.5 h 后迅速取出称重并转移至吸附罐中。煤样干燥过程中需要防止煤样的氧化,以及干燥后称重和转移过程中的水分增加。

本次吸附实验过程是根据最广泛运用的测压法开展的,Gensterblum 等 (2010)通过比较高压 CO₂ 吸附结果认为,测压法能够准确测定煤中超临界 CO₂ 吸附能力。Goodman 等(2007)比较了不同实验室开展的 Argonne premium 煤的超临界 CO₂ 吸附实验,发现 8 MPa 以上的超临界 CO₂ 吸附曲线出现差异,然而其中 4 个具有较高的一致性,表明测压或体积法测超临界 CO₂ 具有较好的可重复性。其基本原理是煤样的吸附量为参考缸转移进吸附缸中的气体量减去吸附缸中占空体积的气体量。实验过程中需要精确测定吸附缸及管线体积,空体积 V_0 与每次气体注入前后参考缸压力的变化值,实验设备原理图如图 3-4 所示。

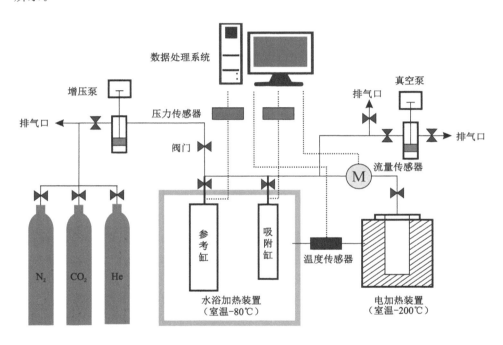

图 3-4　自主设计的煤与页岩高温高压吸附装置

CO₂ 吸附实验前需对整个系统进行密封性测试以及空体积测定。在实验条件下 He 对于煤来说可以认为是不吸附气体,因此可用氦气法测定吸附缸内的空体积 V_0。吸附实验的设计温度分为 313.15 K、323.15 K、333.15 K、343.15 K 和 353.15 K,最大平衡压力为 16 MPa,压力梯度为 2 MPa,每个压力点的平衡时间为 4 h,该吸附时间内 CO₂ 能达到吸附平衡(Sakurovs et al., 2007)。每个压力点的吸附量可通过如下公式计算:

$$n = \frac{P_{R1} V_R}{Z_{R1} RT} - \frac{P_{R2} V_R}{Z_{R2} RT} - \frac{P_S V_0}{Z_S RT} \qquad (3\text{-}1)$$

其中,n 为平衡温度压力点下的吸附量;V_R 为参考缸体积;R 为气体常数;T 为温度;P_{R1} 为注气前参考缸内压力;Z_{R1} 为注气前参考缸内气体压缩因子;P_{R2} 为注气后参考缸内压力;Z_{R2} 为注气后参考缸内气体压缩因子;P_S 为吸附缸平衡压力;V_0 为吸附缸内除煤样骨架体积的空体积;Z_S 为吸附缸内气体压缩因子。

测压法所得的吸附量为过剩吸附量(Busch & Gensterblum,2011),对于低压气体,过剩吸附量可近似看作绝对吸附量,但是对于高压吸附过程,特别是高压 CO_2 吸附,过剩吸附量与绝对吸附量具有不可忽略的差异,并随着压力的增加而逐渐扩大(如 Bae et al.,2006;Tang et al. 2017)。这是由于煤样及吸附罐空体积的测定包括吸附相所占体积,自由相密度越大,通过式(3-2)得到的过剩吸附量越小,因此对于高压气体吸附能力的探讨应基于绝对吸附量,过剩吸附量被定义为绝对吸附量减去占吸附相空间的自由相吸附分子,绝对吸附量可通过如下公式得到:

$$n_{exc} = n_{ab} \left(1 - \frac{\rho_g}{\rho_a} \right) \qquad (3\text{-}2)$$

其中,n_{exc} 是给定温度与平衡压力下的过剩吸附量,能够直接由等温吸附实验得到;n_{ab} 是对应的绝对吸附量;ρ_g 是实验温度压力下的吸附质自由相密度;ρ_a 是吸附质吸附相密度,本书中 CO_2 吸附相密度为给定的 1 g/cm^3(Sakurovs et al.,2007;Day et al.,2008;Jinlong et al.,2018;Wu et al.,2019)。不同温度压力下自由相 CO_2 体积密度与压缩因子通过 NIST REFPROP 软件计算得到(Lemmen et al.,2010)。

(2)平衡水煤样 CO_2 等温吸附实验

为计算储层条件下超临界 CO_2 吸附容量,设计开展平衡水条件下无烟煤等温吸附实验,前人研究表明平衡水条件下的煤的气体吸附能力能够很好地反映真实煤储层条件下煤的气体吸附能力(Krooss et al.,2002)。实验煤样为沁水盆地无烟煤,分别是 XJ 煤、BF 煤、CZ 煤和 SH 煤,实验温度为 40 ℃、50 ℃、60 ℃、70 ℃和 80 ℃,最高平衡压力为 16 MPa,压力每升高 2 MPa 测一个吸附点,实验委托河南理工大学开展,采用体积法,实验设备采用 ISO-300 型等温吸附解吸仪,实验方法及步骤按《煤的高压等温吸附试验方法——容量法》(GB/T 19560—2004)执行,实验相对误差±1%,吸附实验前需进行平衡水处理,测量得到的平衡水含量分别为 2.89%、3.36%、3.27%和 2.45%。

(3)高压甲烷等温吸附实验

为比较深部煤储层条件下超临界 CO_2 和 CH_4 吸附差异,以 SH 煤样为例,开展相同条件下高压甲烷等温吸附实验,所用干燥煤样是超临界 CO_2 吸附煤样高压等温吸附实验的同一批煤样,实验温度为 40 ℃、50 ℃、60 ℃、70 ℃和 80 ℃,最高平衡压力为 12 MPa,压力每升高 1 MPa 测一个吸附点,实验委托河南理工大学开展,采用体积法,实验设备采用 ISO-300 型等温吸附解吸仪,实验相对误差±1%。

平衡水煤样高压甲烷吸附实验所用煤样为 XY 煤、YW 煤、LC 煤、ZZ 煤、XJ 煤、BF 煤、CZ 煤和 SH 煤,实验温度为 30 ℃,最高平衡压力为 12 MPa,每升高 1 MPa 记录和计算一个吸附量。实验委托河南理工大学开展,采用体积法,实验设备采用 ISO-300 型等温吸附解吸仪,实验相对误差±1%。

（4）模拟埋深条件下 CO_2 等温吸附实验

本组实验用煤样为中高阶煤,分别是 YW 煤、CZ 煤和 SH 煤,吸附实验所用煤样粒度为 60～80 目,实验前保存在密封的真空袋中,取缩分煤样 110 g 放入隔热空气干燥箱中,90 min 后取出称重。平衡水煤样制备前将煤样分为吸附实验样（100 g）和测定平衡水分含量样（10 g）,两份同时放入 105 ℃真空干燥箱中除水分 1.5 h。干燥称重后,平衡水煤样的制备遵照《煤的高压等温吸附试验方法》（GB/T 19560—2008）执行。这一改进的平衡水制备方法能够再现储层条件下煤层的含水特征,因此被广泛应用于模拟原位煤储层高压实验（Krooss et al.,2002）。吸附煤样放入 30 ℃室温的蒸馏水中不断震荡 3 h 使煤样充分润湿。随后除去煤样表面过剩的水分,放置于真空的饱和硫酸钾溶液之上,室温为 30 ℃,静置 60 h,其中每隔 6 h 进行称重,直到煤样重量保持不变。吸附煤样迅速转移至吸附罐中进行实验,另一份测平衡水煤样用来计算平衡水含量。

根据前人研究与目前煤层气开发的常规深度范围,定义大于 1 000 m 的煤层为深部煤层,而深部高温不利于气体吸附,因此本次研究深部煤层的限定范围为 1 000～2 000 m。为模拟深部煤层条件下超临界 CO_2 的吸附特征,实验根据沁水盆地煤储层温度和压力条件,选取 1 000 m、1 500 m 和 2 000 m 煤层温度压力为实验设计温度和压力条件,沁水盆地地温梯度为 3.53 ℃/100 m,压力梯度为 1.0 MPa/100 m。具体参数见表 3-2。

表 3-2　模拟沁水盆地南部深部煤储层条件下 CO_2 等温吸附实验参数设定

埋深/m	温度/℃	最大压力/MPa	压力间隔/MPa
1 000	45	10	2
1 500	62.5	15	2
2 000	80	20	2

3.3 实验结果

3.3.1 孔裂隙结构参数测试结果

（1）压汞法

经过压缩系数校正后用压汞法测得的孔隙参数结果见表 3-3。不同煤级煤的总孔体积、孔比表面积、平均孔径和孔隙度变化较大。平均孔径随煤级增加而降低，其余参数随煤级的变化趋势不明显。进汞体积 0.032 5～0.039 6 cm³/g，总孔比表面积 17.87～22.03 m²/g，平均孔径 7.0～8.1 nm，孔隙度 4.22%～4.95%。总孔比表面积接近表明所有煤样在压汞法所测的孔径范围内具有较为类似的特征，该相似性亦可从不同煤样各孔径范围内孔隙发育程度看出（图 3-5）。

表 3-3　不同测试方法所得孔隙结构参数汇总

方法	参数	XY	LC	YW	ZZ	XJ	BF	CZ	SH
压汞	总孔体积/(cm³/g)	0.038 9	0.034 7	0.039 2	0.039 6	0.034 6	0.034 5	0.038 4	0.032 5
	总孔比表面积/(m²/g)	19.16	17.87	22.03	21.54	18.50	19.73	21.17	18.49
	平均孔径/nm	8.1	7.8	7.1	7.4	7.5	7.0	7.3	7.0
	孔隙度/%	4.65	4.44	4.79	4.95	4.30	4.33	4.84	4.22
	视密度/(g/mL)	1.19	1.28	1.22	1.25	1.24	1.25	1.26	1.30
	骨架密度/(g/mL)	1.25	1.34	1.29	1.32	1.30	1.31	1.33	1.36
低温液氮吸附	DFT 表面积/(10^{-1} m²/g)	1.46	2.98	7.27	1.66	1.82	1.18	11.95	2.47
	DFT 孔体积/(10^{-4} cm³/g)	6.36	17.64	5.41	8.38	5.63	8.59	37.8	10.00
	DFT 孔径/nm	4.73	10.13	29.40	12.55	2.58	12.55	6.79	6.79
低温 CO_2 吸附	DFT 孔体积/(cm³/g)	0.04	0.05	0.06	0.06	0.05	0.05	0.08	0.07
	DFT 表面积/(m²/g)	106.12	160.67	192.00	173.65	164.62	177.13	251.72	226.46
	DFT 平均孔径/nm	0.63	0.50	0.50	0.50	0.52	0.50	0.50	0.50

如图 3-5 所示，沁水盆地中高阶煤大中孔的分布特征具有相似性，小于

10 nm 的中孔极为发育,因此可以推测该煤样的微孔同样发育,10～100 nm 的中孔和较小大孔较为发育,而 100 nm～50 μm 的大孔不发育。值得注意的是,所有煤样在孔径范围 50～100 μm 处均显示了不同程度的凸起或高峰,表明该孔径范围内的大孔较为发育,与煤岩显微裂隙观测的结果一致,暗示该孔径大孔主要为微裂隙。

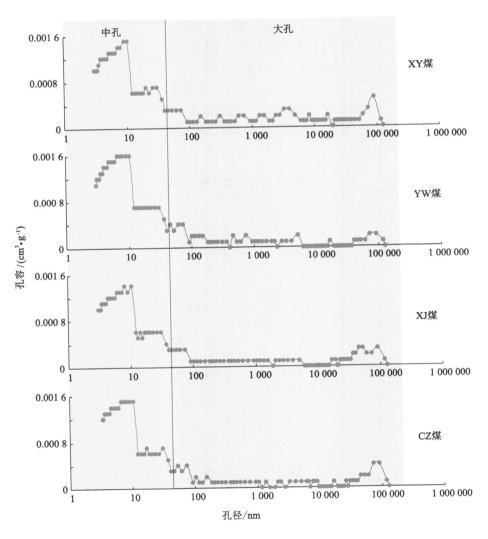

图 3-5　沁水盆地中高阶煤压汞法不同孔径孔隙分布特征

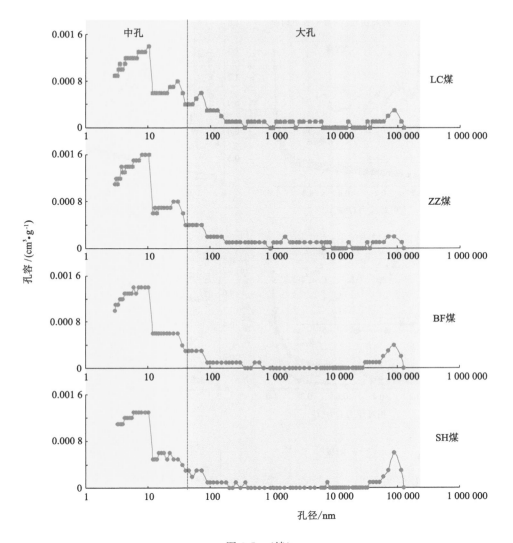

图 3-5　（续）

（2）液氮吸附法

低温液氮吸附法测得的孔隙参数见表 3-3。部分吸附解吸曲线在起始点不能闭合，无烟煤中更为明显，尤其是 CZ 煤，同时，CZ 煤也表现出最高的吸附能力（图 3-6）。根据国际理论和应用化学联合会对于吸附曲线的分类，沁水盆中高阶煤低温液氮吸附曲线可分为 Ⅱ 型（XY 煤）和 Ⅳ 型。该类型吸附-解吸曲线对应的孔隙结构为裂隙状孔。此外除了 XY 煤外，其余吸附-解吸曲线均出现较

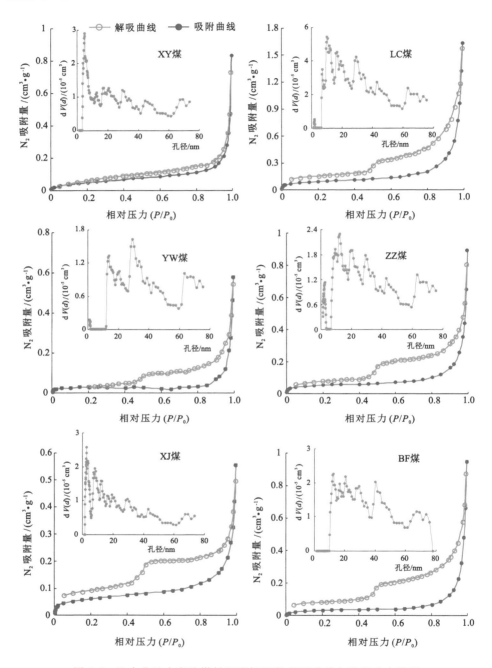

图 3-6 沁水盆地中高阶煤低温液氮吸附-解吸曲线与孔径分布特征

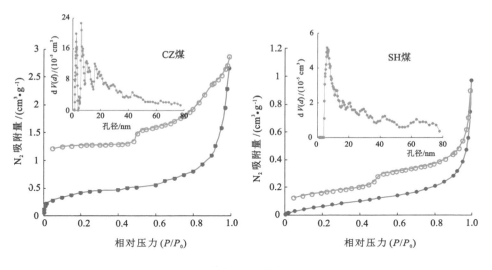

图 3-6 （续）

为明显的迟滞环,解吸曲线骤降对应的相对压力为 0.45。DFT 比表面积范围是 $1.18 \times 10^{-1} \sim 7.27 \times 10^{-1}$ m^2/g,DFT 孔体积范围是 $5.41 \times 10^{-4} \sim 37.8 \times 10^{-4}$ cm^3/g。孔径范围总体上可分为两类。XY 煤、XJ 煤、CZ 煤和 SH 煤在孔径小于 10 nm 的微孔或较小中孔范围内具有明显的高峰,而在较大中孔和大孔范围内则表现出随孔径变大而减小的趋势。而 LC 煤、YW 煤、ZZ 煤和 BF 煤在微孔和较小中孔范围内的孔隙发育程度较差,但较大中孔却表现出多个峰值,表明微孔发育且不同类型均有不同程度发育。值得注意的是,液氮所测的平均孔径范围较大,为 $2.58 \sim 29.4$ nm,同样说明不同煤样在较小微孔甚至微孔范围内发育程度不同,煤孔隙发育程度的非均质性主要体现在较小孔隙。

（3）低温 CO_2 吸附法

沁水盆地中高阶煤低温 CO_2 吸附所测的微孔结构参数见表 3-3。微孔孔比表面积和总孔体积分别为 $106.19 \sim 251.72$ m^2/g 和 $0.04 \sim 0.076$ cm^3/g。与低温液氮吸附实验不同的是,低温 CO_2 吸附实验的温度更高。低温液氮温度过低,导致氮气分子活性低,对于较小微孔甚至孔吼都无法进入,导致虽然氮气分子动力学直径小于 CO_2,但所能表征的孔径范围较 CO_2 更大。低温 CO_2 吸附结果与微孔孔径分布特征见图 3-5。所有煤样 CO_2 吸附曲线均符合 I 型[图 3-7(a)],指示其微孔发育的特征。总的来说,CO_2 吸附量随着煤级的增加而增加,但 CZ 煤具有最高的吸附能力。微孔孔径分布的高峰在 0.5 nm 和 0.6 nm,CZ 煤和 SH 煤孔径为 0.42 nm 的微孔亦有分布[图 3-7(b)]。SH 煤在 0.3 nm 处,

XY 煤在 0.8 nm 处出现轻微的高峰。大于 0.8 nm 的微孔不发育,结合液氮吸附结果,可以看出沁水盆地中高阶微孔处于绝对优势。

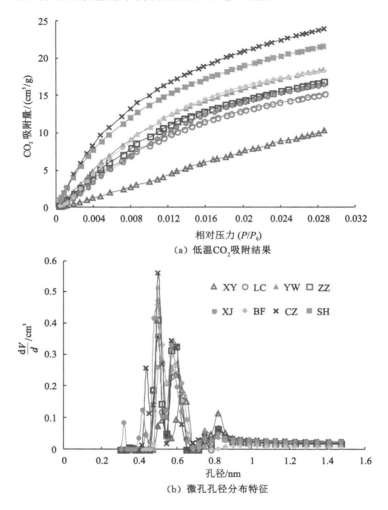

（a）低温 CO_2 吸附结果

（b）微孔孔径分布特征

图 3-7 沁水盆地中高阶煤低温 CO_2 吸附结果与微孔孔径分布特征

3.3.2 气体高压等温吸附实验结果

（1）干燥无烟煤样 CO_2 等温吸附实验结果

沁水盆地 4 个无烟煤在温度范围为 40～80 ℃ 的过剩吸附量随压力的变化曲线见图 3-8。过剩吸附曲线随压力出现先增大后减小的变化趋势,CO_2 最大过剩吸附量出现在 6～9 MPa 之间,且该最大值随温度增加而逐渐向右移动。各煤样最大过剩吸附量随温度增加而降低,不同温度的过剩吸附曲线发生交叉,这与前人的研究结果类似(Ottiger et al.,2006;Li et al.,2010;Weniger et al.,2012)。不同温度的过剩等温吸附曲线均出现交叉,温度越高,交叉点出现的压力越高。高压下不同温度间的过剩吸附量出现反转,温度越高,过剩吸附量越大。各煤样最大的过剩吸附量出现在 40 ℃,分别为 1.75 mmol/g(XJ),1.82 mmol/g(BF),2.15 mmol/g(CZ)和 2.11 mmol/g(SH)。相同温度和压力下 CZ 煤具有最高的吸附能力,这与 CZ 煤具有最高的微孔含量和微孔比表面积有关。温度越低,临界压力附近过剩曲线下降越剧烈,80 ℃时,过剩吸附呈现较为平滑的曲线。温度越接近 CO_2 临界温度,超临界 CO_2 密度变化越剧烈,因此相对于低压 CO_2 吸附,超临界 CO_2 吸附中,自由相密度具有更为显著的影响。

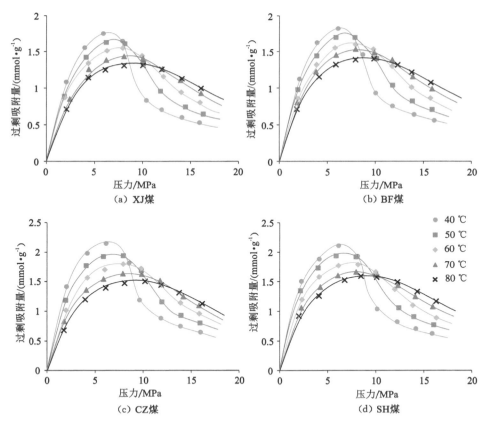

图 3-8 过剩吸附量与压力的关系

根据过剩吸附与绝对吸附的定义,在高压条件下,CO_2 过剩吸附量与绝对吸附量由于密度差异减小而增大,因此超临界 CO_2 过剩吸附量不能表征煤样的真实吸附能力,因此本书计算了不同温度下各煤样的绝对吸附量,如图 3-9 所示。与过剩吸附曲线不同的是,绝对吸附曲线随压力增加而逐渐增加,出现 Langmuir 型吸附曲线,高压条件下,绝对吸附量增加幅度减缓并趋于某一饱和吸附量。温度对各煤样绝对吸附量具有一致的影响,给定压力下,温度越高,绝对吸附量越低。此外,温度越高,低压下绝对吸附量的增长幅度越低,而高压下变化不明显,如 CZ 煤样 40 ℃时,0~8 MPa 内每增加 1 MPa,绝对吸附量增加 0.34 mmol/g,8~16 MPa 内每增加 1 MPa,绝对吸附量增加 0.04 mmol/g,而 80 ℃时,0~8 MPa 内每增加 1 MPa,绝对吸附量增加 0.24 mmol/g,8~16 MPa 内每增加 1 MPa,绝对吸附量增量仍为 0.04 mmol/g。

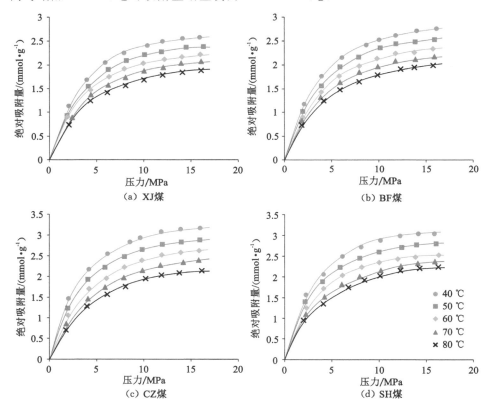

图 3-9　绝对吸附量与压力的关系

(2)平衡水煤样 CO_2 等温吸附实验结果

平衡水煤样 CO_2 等温吸附实验结果实验结果如图 3-10 所示,与图 3-8 对比可见,过剩吸附的最大值同样出现在临界压力附近,最大过剩吸附量分别为1.45 mmol/g,1.64 mmol/g,1.71 mmol/g 和 1.68 mmol/g,低压力范围内过剩吸附随压力增加而增加,同一压力下吸附量随温度升高而降低,整体上与无烟煤干燥煤样等温吸附实验结果一致,然而平衡水煤样高压范围内吸附量并未出现大幅度的降低,各温度的吸附曲线交叉现象没有规律,如 BF 煤样 50 ℃吸附曲线与60 ℃吸附曲线在 10 MPa 左右处交叉,70 ℃吸附曲线与 80 ℃吸附曲线在高压段出现重合,SH 煤样 60 ℃和 70 ℃吸附曲线在 16 MPa 左右处重合。

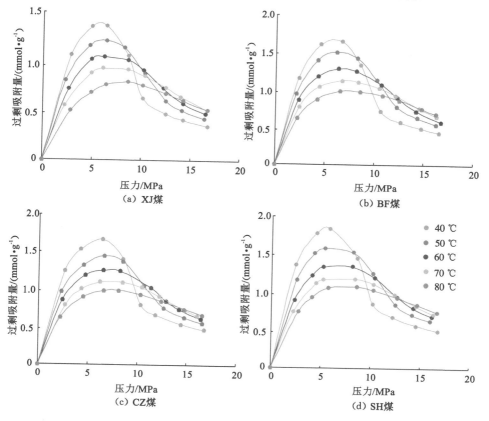

图 3-10　不同温度条件下平衡水煤样高压 CO_2 等温吸附实验结果

总体来看,虽然平衡水煤样的吸附能力低于干燥煤样,但平衡水煤样与干燥煤样的过剩吸附曲线在临界压力之下具有很好的相似性,临界压力之上吸附量降低不明显或不降低。考虑到临界压力上超临界 CO_2 的高压缩性,自由相密度大,换算得到的绝对吸附量远大于干燥煤样,因此可以认为本次实验无法应用绝对吸附量表征含水煤储层的真实吸附能力。在建立煤储层超临界 CO_2 总封存模型时应以实验所得的过剩吸附量为准。

此外需要说明的是,深部煤储层条件下,CO_2 保持超临界状态,而储层温度与临界温度接近,超临界 CO_2 的密度大,如在沁水盆地 1 000~2 000 m 深的煤层温度压力条件下,超临界 CO_2 的密度为 0.6 g/cm^3 左右,因此过剩吸附占真实吸附量的比例少,在计算封存量时可用该实验获得的过剩吸附进行计算。另一方面,在计算单位质量煤的总封存量时,由于无法获得吸附空间体积,因此计算空孔隙中自由相 CO_2 的容量无法准确表征,而高密度的超临界 CO_2 往往具有较高的存储能力,这与枯竭油田 CO_2 地质封存机制类似。为解决这一矛盾,后文应用了自由相 CO_2 与过剩吸附 CO_2 相结合的计算思路,具体方法见 6.4 节内容。

(3)高压 CH_4 等温吸附实验

干燥 SH 煤样的不同温度下高压甲烷吸附实验结果如图 3-11 所示。SH 煤样不同温度过剩等温吸附曲线在 0~6 MPa 压力范围内吸附量随压力呈近线性增加,6~12 MPa 压力范围内过剩吸附量虽然仍然随压力增加,但在增加趋势明显放缓,反观绝对吸附曲线,高压条件下,吸附量随压力增加的趋势仍然较为显著。过剩吸附与绝对吸附在全压力范围内,相同压力下温度越高,吸附量越低。

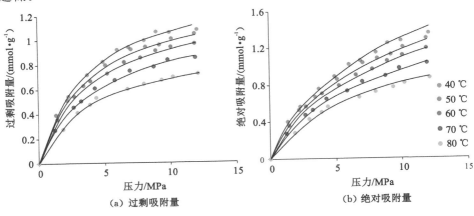

图 3-11　干燥 SH 煤样不同温度条件下高压甲烷等温吸附实验结果

平衡水煤样 CH_4 等温吸附高压甲烷过剩吸附曲线均呈现 Langmuir 型,总体上过剩吸附量随煤级升高逐渐增大(图 3-12),其中最大吸附量出现在 SH 煤样中(压力 12.20 MPa,吸附量 1.83 mmol/g),5 MPa 前过剩吸附量增长较快,后随压力增加过剩吸附量逐渐平稳,然而具有较高煤级的样品仍然表现出一定的增长趋势。绝对吸附曲线与过剩吸附曲线在低压范围内类似,但高压范围内绝对吸附曲线的增长趋势并未减小,表明在实验压力范围内 SH 煤样甲烷的 Langmuir 压力增大。另外虽然过剩吸附与绝对吸附整体上均表现为统一压力下煤级越高吸附量越高,但 YW 煤、LC 煤、ZZ 煤、XJ 煤和 BF 煤的吸附曲线存在一定程度的交叉,结合上述煤样的微孔比表面积发育具有类似的发育特征,可得出结论:煤级对吸附能力的影响主要体现在微孔发育程度,特别是提供吸附位的微孔比表面积上。

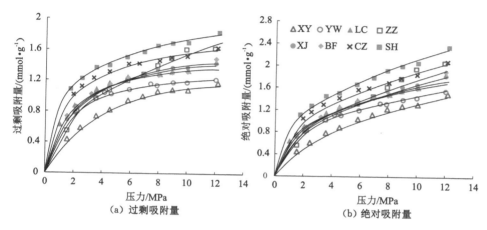

图 3-12　沁水盆地中高阶煤 30 ℃高压甲烷等温吸附实验结果

(4)模拟埋深条件下 CO_2 等温吸附实验

平衡水煤样不同温度条件下高压 CO_2 等温吸附结果见图 3-13。如上述实验设计温度压力,为满足不同埋深下温度和压力条件,各温度点的最大压力值不同。过剩吸附曲线呈现非 Langmuir 型,在 CO_2 临界压力附近出现最大值,越过最大值后,过剩吸附量急剧下降,该下降趋势随温度的增加而减弱。而绝对吸附量在低温下呈现近 Langmuir 吸附曲线,而在高温下仍出现骤降趋势,其中 CZ 和 SH 样 80 ℃绝对吸附曲线具有明显的此类特征。造成这一现象的原因可能是高温条件下未达到吸附平衡,尤其是实验室设备用样需求大,达到平衡所用时间较长时。

图 3-13 平衡水煤样中过剩吸附曲线的最大值均出现在 45 ℃的等温吸附曲线上,压力范围 6～7 MPa,最大值分别为 1.40,1.26 和 1.34 mmol/g。绝对吸附曲线与过剩吸附曲线完全不同的变化形式,尤其是在临界压力之上,表明自由

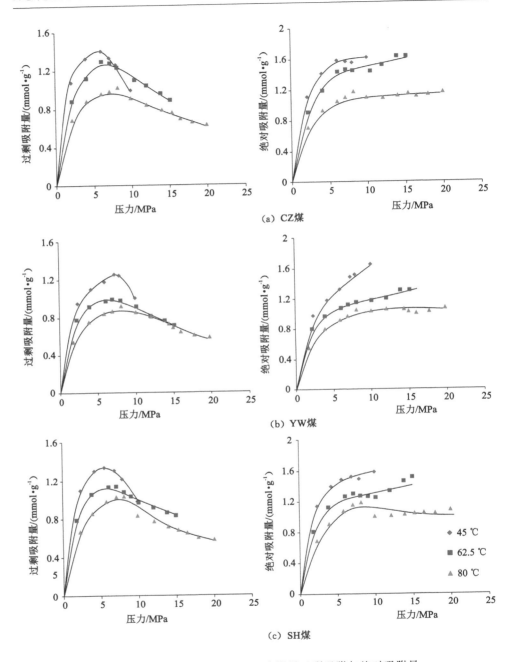

图 3-13　模拟埋深条件下平衡水煤样过剩吸附与绝对吸附量

相密度对吸附能力具有显著影响。根据过剩吸附与绝对吸附的关系,自由相密度与吸附相密度差距越小,两吸附量差异越大,而超临界 CO_2 密度在实验温度压力范围内具有极大的变化,尤其是在较低的温度,如 45 ℃时,10 MPa 的密度为临界密度的一倍左右,20 MPa 时,超临界 CO_2 的密度达到吸附相密度的 80% 左右。

从图中还可以观察到,在相同温度和压力条件下 CZ 煤(2.97%)虽然煤级低于 SH 煤(3.37%),却具有最高的吸附量。一般而言,煤级越高吸附能力越强,平衡水条件下 CO_2 或 CH_4 的吸附能力与煤级成明显的正相关关系。探究吸附现象的实质可以发现,煤对气体分子的吸附发生在煤孔壁表面的物理吸附过程,与煤中微孔的表面积直接相关。而随着煤化作用的发生,特别是煤大分子侧链的断裂和液态有机质的转移,更多微孔生成。因此这种间接的正相关关系造成煤级与气体吸附能力的正相关关系。然而对于本次研究的沁水中高阶煤来说,虽然 SH 煤的煤级显著高于 CZ 煤,但 CZ 煤却具有最高的微孔含量和比表面积(表 3-3),因此 CZ 煤具有最高的 CO_2 吸附能力。

此外,CZ 煤与 SH 煤的 45 ℃过剩等温吸附曲线与 62.5 ℃过剩等温吸附曲线在 10 MPa 左右出现交叉,YW 煤样虽没有实验结果上的交叉,但可以预测的是,在压力继续增加的情况下同样会出现交叉,这一不同温度下超临界 CO_2 过剩吸附曲线的交叉已经被学者广泛报道。然而,高温下的过剩曲线不交叉或交叉发生的压力点较高。这些现象表明,温度对超临界 CO_2 吸附的影响更为复杂,尤其是需考虑温度对气体本身的影响,进而影响到气-固相互作用。

3.4 小结

本章阐述了本书写作过程中所需煤样的相关信息,通过开展煤岩煤质测试、工业分析、元素分析、镜质组反射率测试、孔裂隙结构的压汞法和气体吸附法测试等获得煤样详细的成分与结构信息。在此基础上开展了不同条件下 CO_2、CH_4 高压等温吸附实验,并开展了模拟埋藏条件下煤岩超临界 CO_2 吸附的初步实验。得出了以下结果:

(1)沁水盆地中高阶煤镜质组反射率分布较宽,其中晋城地区 SH 煤样反射率最高,为 3.33%;显微煤岩组分中镜质组占主导,大于 70%,基本无壳质组;煤中水分、挥发分和灰分含量均较低;元素含量中除 XY 样由于煤级最低,O 含量最高,其余煤样元素含量相似。

(2)沁水盆地中高阶煤孔隙发育特征以微孔为主,压汞法结果显示,微孔为 $50 \sim 100 \ \mu m$ 范围的大孔具有轻微的高峰显示,表明煤样发育微裂隙,这与光学显微镜下的观察一致;液氮吸附结果显示中孔不发育,微孔孔径范围内随着孔径减小,累积孔体积越大,与低温 CO_2 吸附结果一致;该结果表明微孔优势孔径为 $0.4 \sim 0.8$ nm,微孔孔比表面积占全孔隙孔比表面积的绝对多数。

（3）开展了干燥煤样和平衡水煤样的高压 CO_2 吸附实验,实验结果表明超临界 CO_2 吸附曲线呈先增大后减小趋势,高压下过剩吸附量随温度增加而增加;开展了高压 CH_4 等温吸附实验,实验结果表明高压 CH_4 吸附曲线未出现高压段随压力增加吸附量下降的趋势;开展了模拟沁水盆地不同埋深条件的 CO_2 吸附实验,实验结果与前者类似。

4 超临界气体吸附的影响因素与超临界 CO_2 吸附分子层数分布特征

　　煤中超临界气体吸附作用受环境因素和体系因素的共同影响；环境因素包括温度和压力；体系因素主要为气体性质与煤岩性质，煤岩性质包括煤级、煤岩组分、灰分、水分含量等，而控制煤级和煤岩组分的内在因素是煤岩孔隙特征，特别是吸附作用发生的主要场所——微孔的发育特征。本章通过超临界气体吸附模型拟合，分析煤中超临界气体吸附能力与上述影响因素的关系，重点着眼于煤孔隙结构对超临界气体吸附作用的影响，并通过超临界 CO_2 吸附相密度的推导和吸附相分子层数的计算定量表征吸附相 CO_2 在煤中孔隙中的存在状态，为后文煤中超临界 CO_2 吸附机理探讨提供依据。

4.1 超临界气体吸附模型

　　如前文所述，不同吸附模型基于不同假设，如 Langmuir 改进模型（包括双吸附位 Langmuir 模型）基于单分子层假设，改进的 D-R 模型基于微孔填充模型，而 Langmuir＋D-R 模型则是基于二者的综合。从实际吸附行为来看，基于单分子层吸附与微孔填充复合的吸附模型应最能代表煤吸附气体的实际情况，但本次研究利用实验获得的超临界 CO_2 吸附数据与该复合方程运用 SPSS 数据处理软件拟合后，残差平方和的拟合方程与吸附数据的拟合度小于 50%。因此可以认为，该复合方程无法表征煤的超临界 CO_2 吸附，然而前人开展的超临界甲烷在页岩上的吸附作用结果表明该模型与吸附数据具有很高的匹配性（周尚文 等，2017）。导致这一差异的原因可能是：① 超临界 CH_4 与超临界 CO_2 流体性质的显著差异造成相同条件下吸附方式的不同，具有更高吸附量的 CO_2 可能出现多分子层表面覆盖的形式；② 煤与页岩储层物性上的差异，尤其是提供表面覆盖的大中孔隙的差异，如沁水高阶煤大中孔比表面积占总孔比表面积的 90% 以上，因此对于该半经验性的吸附模型可能存在的拟合误差与大中孔表面覆盖吸附量处于同一数量级，从而影响模型拟合精度。前人的大量研究结果表明,煤中的气体吸附作用主要发生在微孔中(如 Moore,2012;Feng et al.,2017;Wang et al.,2017),而随着压力的增加气体分子会形成多分子层覆盖的形式,这一现象可以理解为可被吸附质分子完全填充孔隙的孔径增大,因此不仅微孔被完全填充,部分较小孔径的中孔也会被填充(Day et al.,2008;Chen et al.,2018),这就造成了煤中大部分气体吸附行为是微孔填充,而超临界 CO_2 密度大,CO_2 分子与煤孔壁表面相互作用的概率更大,更易形成多分子层吸附。煤的分子级纳米孔隙所占比表面积高,实际表面覆盖形式的 CO_2 分子含量低,因此单一的以微孔填充理论为基础的改进的 D-R 模型能够较好地反映超临界 CO_2 吸附行为。前人认为该模型能够很好地表征不同煤级、含水量和温度等条件下的超临界 CO_2 吸附过程(Day et al.,2008;Sakurovs et al.,2008,2010;Han et al.,2019),因此可用于统一表征本次研究所用的不同干湿条件的煤样吸附过程。综上原因,本次研究中采用 Sakurovs 等(2007)提出的超临界流体吸附模型。根据该方程的形式要求,需将不同温度下的过剩吸附量随压力的变化转换为随自由相密度的变化,本次研究运用 NIST 流体物性参数计算软件 REFPROP 对应计算了各温度、压力点下的 CO_2 自由相密度,重新绘制了沁水无烟煤的过剩吸附曲线(图 4-1)。与以压力为横坐标的过剩曲线显著不同的是,各密度点的过剩吸附量均随着温度增加而降低,没有出现任何异常点,表明超临界状态下,单纯的压力分析不能够反映超临界 CO_2 密度快速变化影响下的吸附行为的特征。这是由于在低压(临界温度以上)或临界条件下 CO_2 密度与压力成线性或近似线性的关系,而在临界压力以上(7～10 MPa),CO_2 密度随压力增加而显著增长,因此此时压力变化不能反映 CO_2 密度的急剧变化。这一现象表明,自由相密度能更直观地表征吸附能力的变化。

改进的 D-R 吸附模型如下:

$$n_{exc} = n_0 \left(1 - \frac{\rho_g}{\rho_a}\right) e^{-D[\ln(\rho_a/\rho_g)]^2} + k\rho_g \tag{4-1}$$

或

$$n_{exc} = n_0 \left(1 - \frac{\rho_g}{\rho_a}\right) e^{-D[\ln(\rho_a/\rho_g)]^2} + k\rho_g \left(1 - \frac{\rho_g}{\rho_a}\right) \tag{4-2}$$

其中,n_0 为吸附能力或微孔体积;D 为反映吸附质与吸附剂之间相互关系的常数;k 为校正参数,与吸附引起的膨胀作用相关,k 值的具体物理意义既可以用来表示由于吸附膨胀造成吸附量的减少,也可以用来表示非微孔填充部分的吸附量,Sakurovs 等(2009)进行了详细报道;表达式 $(1 - \rho_g/\rho_a)$ 是用来修正实验条件下获得的过剩吸附量;$D = (RT/\beta E)^2$,其中 R 为气体常数,8.317 J/(mol·K),T 是温度,E 是吸附热,β 是反映气体分子与吸附剂相互关系的常数,本次研究中 β 取值 0.35(Ozdemir et al.,2004)。

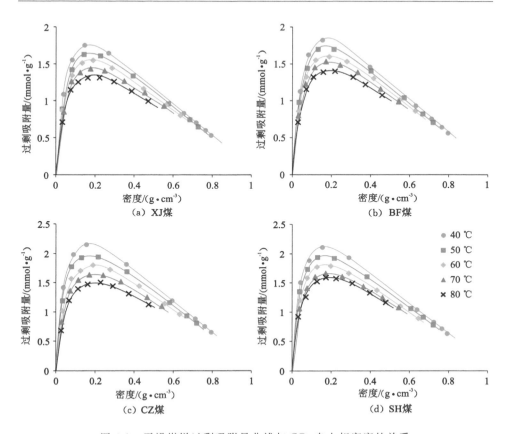

图 4-1 干燥煤样过剩吸附量曲线与 CO_2 自由相密度的关系

拟合得到的参数见表 4-1,拟合结果显示改进的 D-R 模型能够很好地匹配沁水盆地无烟煤不同温度条件下的超临界 CO_2 吸附曲线(图 4-1)。最小的吸附能力出现在 353.15 的 XJ 煤,为 2.29 mmol/g,最大吸附能力出现在 313.15 K 的 CZ 煤,为 3.29 mmol/g。XJ、BF、CZ 煤具有相似的吸附热,为 26.15~27.69 kJ/mol;SH 煤的吸附热较大,为 28.53~29.23 kJ/mol。SDR 吸附模型拟合结果与实测过剩吸附量匹配程度高,多数的误差保持在 5% 以内(图 4-2),表明该模型对沁水盆地无烟煤的超临界 CO_2 吸附作用具有较好的适用性。

需要说明的是,k 值是对 SDR 吸附模型中拟合得到的吸附量进行校正,实验获得的该值为负数表明实际获得的吸附量小于理论值,这可能是由于:① 实验温度较高,气体分子活性大,无法进入孔径较小的微孔,这也是用低温气体吸附测定微孔孔体积与孔比表面积的原因;② 吸附膨胀造成吸附缸中空体积小于 He 渗入测定的体积。当然在实际情况下这两种情况都可能存在。

表 4-1　通过 SDR 吸附模型拟合的吸附相参数与吸附热计算结果

煤样	温度/℃	n_0/(mmol/g)	D	E/(kJ/mol)	k
XJ	40	2.79	0.081	26.15	−0.42
	50	2.72	0.085	26.34	−0.60
	60	2.55	0.086	27.00	−0.59
	70	2.46	0.092	26.88	−0.65
	80	2.29	0.092	27.67	−0.67
BF	40	2.89	0.080	26.31	−0.42
	50	2.81	0.086	26.19	−0.50
	60	2.73	0.092	26.10	−0.69
	70	2.60	0.090	27.18	−0.72
	80	2.43	0.092	27.67	−0.73
CZ	40	3.29	0.072	27.73	−0.36
	50	3.10	0.077	27.67	−0.42
	60	2.92	0.086	27.00	−0.47
	70	2.74	0.090	27.18	−0.53
	80	2.64	0.098	26.81	−0.81
SH	40	3.15	0.066	28.97	−0.24
	50	2.97	0.069	29.23	−0.32
	60	2.88	0.077	28.53	−0.61
	70	2.65	0.079	29.01	−0.43
	80	2.56	0.084	28.95	−0.42

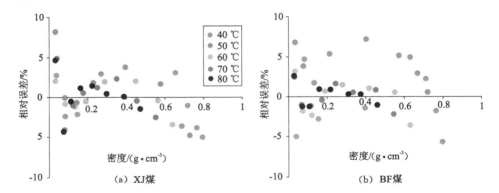

图 4-2　超临界吸附模型拟合结果与测试结果的相对误差

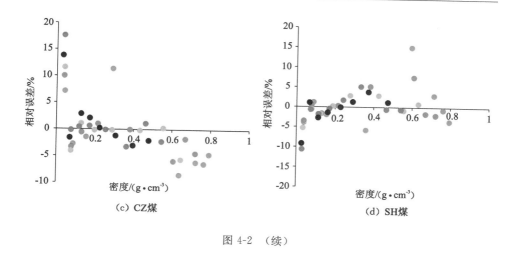

（c）CZ煤 （d）SH煤

图 4-2 （续）

4.2 超临界 CO₂ 吸附量的影响因素

4.2.1 温度

温度对 CO_2 吸附能力具有明显的负效应,随温度的增加而出现近似线性的减少,幅度为每 10 ℃减少 0.12 mmol/g[图 4-3(a)]。气体在固体表面发生吸附作用,固体表面附近的气体分子受到固体表面的吸引力而造成分子熵减,体系内的能量降低,属于放热反应。温度的增加使得分子自身动能增加,因此更倾向于摆脱固体表面的吸附力,保持自由状态,造成吸附相分子的减少。因此温度对吸附能力的控制既表现在抑制固气相互作用的强度,又表现在提高吸附质分子的动能,使之更容易摆脱吸附剂的束缚。随着温度的升高,吸附相密度与自由相密度差距逐渐减少,大孔中吸附能力降低更为明显,单分子层吸附成为主要吸附形式,因此对于具有低临界点的高温高压甲烷吸附来说,微孔填充与大中孔的单分子吸附成为高温甲烷吸附的主要形式(周尚文 等,2017)。

4.2.2 煤级

煤级与 CO_2 吸附能力具有轻微的正相关性[图 4-3(b)],整体上与前人研究结果类似(Saghafi et al.,2007;Weniger et al.,2012),其中 CZ 煤样的高吸附能力减弱了相关性系数,这可能是由于:① 本次研究的煤样煤级范围较窄;② CZ煤样具有最高的微孔比表面积。从本质上来说,煤级越高,微孔含量越高,能够

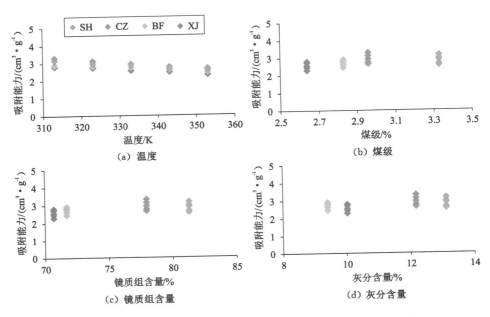

图 4-3 煤岩煤质和温度与沁水盆地无烟煤吸附能力的相互关系

提供更多可供气体分子占据的吸附位。具有较低煤级的 CZ 煤的吸附能力高于 SH 煤的吸附能力同样证明,微孔数量是决定样品吸附能力的主要因素。需要注意的是,吸附能力的大小还取决于气固相互作用的强弱,极性吸附位与气体分子之间的相互作用大于非极性吸附位与气体分子之间的相互作用,而随着煤变质程度的升高,含氧官能团和侧链脱落,煤基质表面化学成分的均一化程度加强,极性吸附位转为非极性吸附位,使得气固相互作用的影响降低,因此针对沁水盆地高阶煤,特别是无烟煤微孔数量是吸附能力的决定性因素。

多位学者报道了不同温度的煤岩超临界 CO_2 吸附曲线出现相似的相交现象(Ottiger et al.,2006;Li et al.,2010;Weniger et al.,2012;Han et al.,2019)。不同温度的超临界 CO_2 过剩吸附曲线在越过最大值后,在不同压力下出现相交,且随温度升高,相交点逐渐右移(Zhang et al.,2011)。这一现象与超临界 CO_2 密度变化有关,超临界 CO_2 密度随温度变化呈非线性特征。临界点之上,温度越高,CO_2 密度随压力变化越迟缓,导致 CO_2 降低趋势逐渐减弱(Weniger et al.,2012)。当等温吸附曲线的横坐标换算成自由相密度时,这一随温度变化的相交特征消失,全范围实验压力下,过剩吸附量随温度升高而降低(Ottiger et al.,2006;Pini et al.,2010)。

4.2.3 显微煤岩组分

无烟煤主要发育的显微煤岩组分是镜质组,因此此处仅展示了镜质组与吸附能力的相互关系[图 4-3(c)],图中显示镜质组含量与吸附能力没有显著关系,但可以看出镜质组含量较低的两组煤样的吸附能力小于镜质组含量高的煤样。显微煤岩组分对气体吸附能力具有一定影响,但对于该影响目前没有统一认识。部分学者认为,由于镜质组是发育微孔的主要显微煤岩组分,气体吸附能力与镜质组含量成正相关性(Clarkson 和 Bustin,2000;李振涛,2014)。而 Weishauptova 等(2015)发现富惰质组和壳质组的煤岩具有最大 CO_2 吸附速率。另一方面也有相当数量的学者发现显微煤岩组分与气体吸附能力没有关系(Mastalerz et al.,2004;张庆玲 等,2004;Weniger et al.,2010)。Day 等(2008a)认为显微煤岩组分与超临界 CO_2 最大吸附能力没有关系。Weniger 等(2012)开展的相似煤级超临界 CO_2 吸附实验结果同样显示显微煤岩组分与含水煤样的超临界 CO_2 最大吸附能力没有关系。Faiz 等(2007)对煤岩组分与气体吸附能力的关系给出了解释,认为即便是同一显微组分/亚组分,由于其不同的孔隙发育特征,必然造成吸附能力的差异。一般来说镜质组主要发育微孔,而惰质组与大孔发育程度有关,因此,富镜质组煤具有较高的气体吸附能力(Chalmers 和 Bustin,2007)。

4.2.4 灰分

煤中的灰分为显微煤岩组分中的矿物组分,一般而言单位质量的矿物对气体的吸附能力低于有机质,因此,煤的灰分越高,吸附能力越低。实验得到的无烟煤超临界 CO_2 吸附能力与灰分含量没有关系,不同灰分含量的无烟煤,其吸附能力基本不变[图 4-3(d)]。需要指出的是,沁水盆地无烟煤的灰分含量较低,矿物组分含量为 $1.8\% \sim 6\%$,如此少含量的矿物对总煤岩的吸附能力贡献有限,因此也会造成二者间无相关性。然而前人针对煤中矿物含量与吸附能力的关系结论不一(Dutta et al.,2011;Weniger et al.,2012;Romanov et al.,2013),造成这一差异的原因主要是矿物与有机组分中微孔的发育程度。

4.2.5 孔隙结构

根据前文的分析,煤的孔隙发育情况对吸附能力具有显著的控制作用,因此需分析不同孔隙结构参数与吸附能力的相互关系。与传统的均质吸附剂如活性碳和锌不同的是,煤具有强烈的非均质性,不仅表现在其化学和物理组分的非均质性,也表现在煤广泛发育微观至宏观全孔径范围尺度的孔隙结构。低温 N_2

吸附所测的中孔最不发育,低温 CO_2 吸附所测微孔孔体积与压汞所测大中孔孔体积在同一数量级,但孔比表面积相差较大。不同孔径范围内孔比表面积与 CO_2 吸附能力的关系显示,随着孔径范围的降低,吸附能力与比表面积的相关性越强(图 4-4),微孔比表面积与吸附能力的相关性系数均在 90% 以上,表明 CO_2 吸附主要发生在微孔。另一方面,相较于微孔孔体积,微孔比表面积与吸附能力更高的正相关性似乎暗示 CO_2 分子以单分子或多分子层覆盖的形式吸附。然而这一现象并不能说明 CO_2 分子没有在微孔内进行填充,因为低温 CO_2 吸附所测的微孔孔径范围为 $0.3 \sim 1.5$ nm,在较小微孔内的完全填充与较大微孔的不完全填充或多分子层覆盖同样会导致吸附能力与微孔孔体积的相关性变弱。Bering 等(1966)认为孔填充行为发生在半径小于 $0.6 \sim 0.7$ nm 的微孔内,而实际在实验条件下的煤中 CO_2 填充微孔孔径则受温度、压力以及煤物理化学结构的影响,需要具体分析。

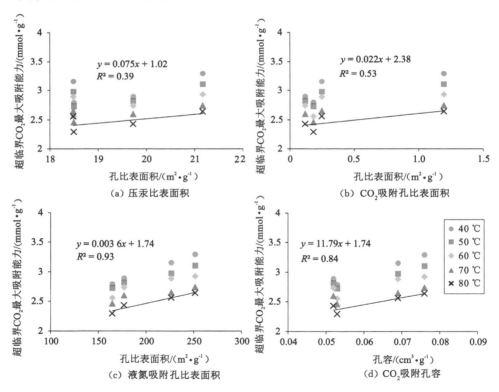

图 4-4　吸附能力与孔隙结构参数的关系

4.3 超临界 CO₂ 吸附热的影响因素

气体在固体表面发生吸附作用会导致系统熵的减小,因此吸附属于放热反应,而系统内温度越高必然会导致吸附量的降低,这一结论已经被前人在大范围温度变化内的吸附实验中证实(Krooss et al.,2002;Zhang et al.,2011;Guan et al.,2018)。吸附热受温度影响不明显,BF 和 XJ 煤样在高温吸附热逐渐增加,SH 和 CZ 煤样吸附热随温度保持不变或轻微减小[图 4-5(a)]。具有较低煤级但较高挥发分含量的 BF 和 XJ 煤样(V_{daf}:10.1% and 9.86%)在高温条件下挥发性组分的部分损失使微孔的可渗入性增加,更多的 CO_2 能够进入较小的微孔从而增加吸附热(Bae et al.,2009)。不同温度下吸附热与煤级没有显著的线性关系,然而 SH 煤样吸附热轻微高于其余三个煤样[图 4-5(b)]。这是由于 SH 样相对于其余三个煤样发育有更多的具有更高能量且孔径更小的微孔。SH 煤

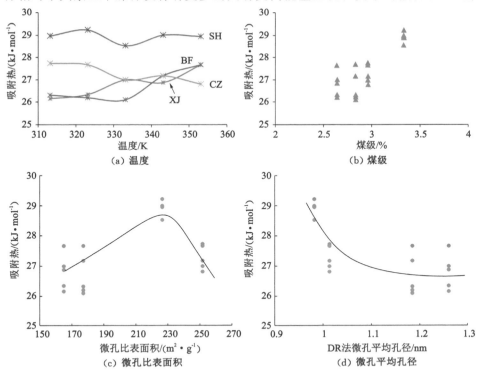

图 4-5　煤岩 CO₂ 吸附热与煤级、温度和孔隙结构参数的关系

更高的吸附热可能是由于其含有更高比例的微孔。低温 CO_2 吸附结果显示，SH 煤样微孔孔径在 0.3 和 0.4 nm 处均有明显的峰值，而其余煤样峰值均出现在 0.5~0.7 nm 之间。煤中孔隙内表面曲率越大，相对表面吸附势的叠加作用越明显，使更小的微孔成为高能吸附位，在发生吸附时能放出更多的热量。Do & Do(2003)通过计算甲烷在微孔碳和无孔碳的吸附热发现，吸附势在相对孔壁的叠加能够强化吸附势，进而产生更高的吸附热。Cui 等(2004)发现，煤中微孔半径在分子动力学直径左右的微孔中 CO_2 的吸附能是大孔中的 2 倍作用。

进一步利用煤微孔结构参数分析其与吸附热的相关性，微孔比表面积与吸附热的相关性表明吸附热与微孔比表面积无相关性[图 4-5(c)]，其中 SH 煤样虽然微孔比表面积不是最高，但其吸附热最高，表明吸附作用在微孔表面为无差别的物理吸附；微孔平均孔径与吸附热成较好的负指数关系，表明微孔孔径越小，吸附热越大[图 4-5(d)]，这一结果与微孔吸附理论一致。微孔孔径越小，相对孔壁上的吸附势叠加程度越大，该吸附位能量越高，因此吸附热越大。

4.4 超临界 CH₄ 吸附能力的影响因素

4.4.1 煤级

甲烷的吸附能力与煤级成很好的正相关关系[图 4-6(a)]，这一结果与无烟煤中超临界 CO_2 吸附能力与煤级的关系一致，煤级对气体吸附能力的控制作用是煤岩煤质与孔隙结构发育等综合因素共同作用的结果。一方面随着煤化作用的深入，特别是进入烟煤阶段，大量极性的含氧官能团脱落造成内孔壁表面对气体分子的吸附能力降低，但是另一方面，微孔会随着煤级增加而大量增加，这就为气体吸附提供了更多的吸附位，从结果上看，上述二者对吸附能力相反的控制作用中，微孔数量的增加占主导作用。

4.4.2 显微煤岩组分

煤的不同显微组分由于物理化学性质不同，对甲烷的吸附能力不同，本次研究的沁水中高阶煤中几乎无壳质组，因此微观煤岩组分对甲烷吸附能力的控制主要取决于镜质组和惰质组的比例，而本次研究中的中高阶煤的镜质组含量与甲烷含气性无任何线性关系[图 4-6(b)]，这是由于对于中高阶煤来说，已经进入生气后期阶段，对于微孔的生成已无明显贡献，因此造成微观煤岩组分与吸附能力无显著关系。

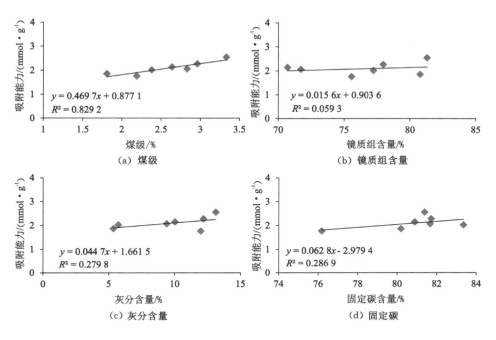

图 4-6　超临界甲烷吸附能力与煤岩煤质主要因素的关系

4.4.3　灰分

　　一般而言,甲烷的吸附能力与煤中灰分含量呈负相关性,这是由于矿物对气体分子的吸引能力弱于有机质,然而本次甲烷吸附能力与灰分成微弱的正相关性[图 4-6(c)],如果不考虑灰分在 15% 的煤样,则无任何相关性,造成这一结果的原因可能是所用煤样灰分含量范围较窄,不同基质组分对吸附能力的影响远不如煤级增加带来的微孔数量增加的影响,表明沁水盆地中高阶煤的气体吸附能力主要受微孔发育程度影响,也表明气体分子在煤中吸附作用是无差别式的物理吸附作用。固定碳与甲烷吸附能力无相关性[图 4-6(d)],特别是无烟煤的固定碳含量较为集中,无法反映其与甲烷吸附能力的真正关系。

4.4.4　孔隙结构

　　前人研究结果表明,煤中气体吸附作用主要发生在孔径小于 2 nm 的微孔中(Crosdale et al.,1998;Clarkson et al.,1999a,b;Mastalerz et al.,2004;An et al. 2013),这是由于煤中微孔提供了绝大多数可供气体吸附的内孔表面积,同时由于孔壁接近,相对孔壁吸附势不同程度地叠加强化了吸附势,使得微孔能够吸引更多的气体分子。本次研究通过液氮吸附和压汞测试获得的大孔和中孔比表面积与甲烷吸附能力亦没有任何相关性(图 4-7),因此在分析孔隙结构对气体吸附的影响时应重点关注微孔结构参数与吸附能力的相关性与影响机制。值得注意的是甲烷的吸附能力与微孔孔体积和比表面积的相关性不如超临界 CO_2 的吸附能力,可能表明这两种气体在微孔的吸附形式不同。液氮吸附所测孔径范围能够达到纳米级,但所测孔比表面积与甲烷吸附能力无相关性,暗示对于甲烷来说,相对 CO_2 能够部分吸附在大中孔中,大多数的甲烷分子被吸附在次纳米级的微孔中。因此煤的孔隙发育特征,特别是微孔的发育特征决定了不同气

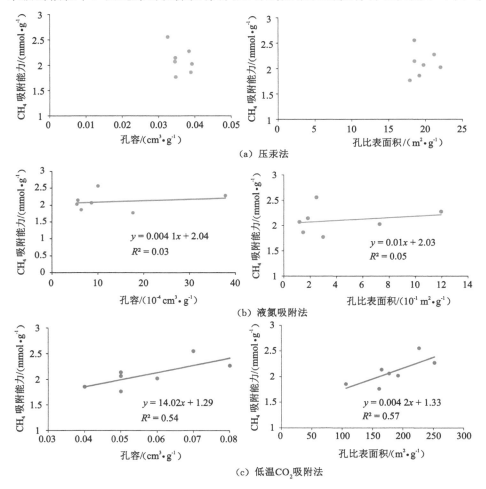

图 4-7　不同测试方法获得的不同孔径范围孔隙与甲烷吸附能力的相关性

体的吸附行为。对于气体分子直径范围的微孔,由于相对孔壁吸附势的叠加强化了吸附能力,因此气体分子多以微孔体积填充的形式保存在该类微孔中,而较大微孔、中孔和大孔,由于缺乏吸附势叠加效应,因此在相对广阔和平坦的内孔表面积气体分子则以单分子层吸附形式存在,近期部分学者针对高压甲烷吸附的实验也证实甲烷的吸附能力与大孔/中孔的比表面积成一定程度正相关性(Yang et al.,2016;Liu et al.,2017)。然而本次研究中大中孔与甲烷吸附能力无相关性的结果并不能证实这一结论,可能的原因是本次实验用煤样大中孔含量占比极小,因此在大中孔内的甲烷吸附量少,而实验得到的全孔隙的甲烷吸附能力必然与占比小的部分无明显相关性。

4.5 吸附相密度与吸附分子层

4.5.1 吸附相密度

以目前的技术而言仍然无法直接测量吸附相密度,因此在计算绝对吸附量时需要假设某一特定值,如将环境压力下沸点的液相密度 1.18 g/cm^3 定为吸附相密度(Harpalani et al.,2006;Dutta et al.,2011)。较为合理的推测吸附相密度的方法是根据绝对吸附量与过剩吸附量的定义,在压力足够大的情况下,过剩吸附曲线与 x 轴坐标的交点即为该吸附质的吸附相密度。绘制过剩吸附量与自由相气体的密度关系曲线,过剩吸附量在越过最大值后随密度增加并与自由相密度成负线性关系,通过拟合的线性方程计算相应的横坐标截距即可得到吸附相密度(Humayun et al.,2000)。本书在图 4-1 的基础上利用过剩吸附曲线高密度范围的线性外推法获得不同煤样在不同温度下的 CO_2 吸附相密度,吸附密度在 1.066~1.131 g/cm^3 之间(图 4-8,表 4-2)。Gensterblum 等(2010)通过不同实验室获得的吸附数据得到 CO_2 在不同煤中吸附相密变化较大(0.909~1.43 g/cm^3),表明煤的非均质性对吸附相影响较大。其他在活性炭和页岩所做的 CO_2 吸附实验获得的吸附相密度也与本书推导结果类似[1.03g/cm^3,活性炭(Humayun et al.,2000);1.02 g/cm^3,活性炭(Sudibandriyo et al.,2003);0.86~1.08 g/cm^3,页岩(Chareonsuppanimit et al.,2012)]。

对于研究的无烟煤,吸附相密度与煤级成轻微的负相关关系,同一煤级吸附相密度较为分散[图 4-9(a)],表明煤级不是主要影响吸附相密度的因素,然而不同煤类的 CO_2 吸附相密度具有显著差异(Gensterblum et al.,2010;Li et al.,2010),煤的强烈非均质性,特别是影响煤表面能量的官能团类型与分布是导致吸附相密度差异的重要原因。温度与吸附相密度具有较为一致的关系,40~

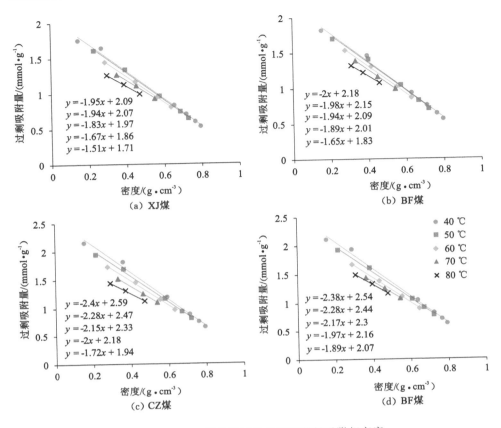

图 4-8　过剩吸附曲线线性外推法获得吸附相密度

50 ℃之间吸附相随温度增加轻微减少,而在 50～80 ℃之间温度与吸附相密度具有异常的正相关性[图 4-9(b)]。一般而言,温度增加会导致吸附相密度降低(Humayun & Tomasko,2000;Ozdemir,2017),Zhou 等(2000)通过计算自由相气体分子与吸附相分子的分子间距,发现两者均会随温度增加而呈现线性增加关系,只是吸附相内吸附质分子间距增加幅度较小。70 ℃和 80 ℃等温吸附曲线外推的吸附相密度偏大可能是由于这两组吸附实验在高自由相密度对应的吸附数据少,影响了拟合出的线性公式。Gensterblum 等(2010)的研究同样发现缺少高压吸附数据外推获得的吸附相密度偏大。然而 Li 等(2010)开展三个温度点的超临界 CO₂ 吸附实验发现,二参数 Langmuir 吸附模型拟合出吸附相密度与温度并没有显著相关性。因此利用这一方法推导吸附相密度需要高精度且足够的高压吸附数据,在缺少足够高压吸附数据的研究中应用这一方法得到数据时需要谨慎。

表 4-2　通过过剩吸附曲线线性外推法计算的 CO_2 的吸附相密度

样品	温度/℃				
	40	50	60	70	80
XJ	1.076	1.068	1.077	1.112	1.131
BF	1.090	1.088	1.075	1.066	1.112
CZ	1.080	1.082	1.086	1.090	1.128
SH	1.067	1.071	1.063	1.094	1.097

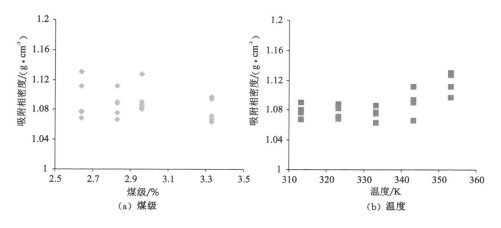

图 4-9　吸附相密度与温度和煤级的关系

4.5.2　不同吸附相密度对绝对吸附量的影响

由于目前吸附实验获得的吸附量均为过剩吸附量,在计算绝对吸附量时需用到吸附相密度进行计算,因此吸附相密度的选择对正确得到绝对吸附量尤为重要。为此本次研究在前人研究的基础上考虑不同 CO_2 吸附相密度:① 1.18 g/cm^3（Harpalani et al.,2006）;② 1.0 g/cm^3（Sakurovs et al.,2007）;③ 1.278 g/cm^3（Mavor et al.,2004）;④ 1.032 g/cm^3（Gensterblum et al.,2010）。相对于前人的经验值,本次研究通过实测数据,过剩吸附与绝对吸附的关系获得的吸附相密度可认为是真实的吸附相密度。即便如此,本次研究采用的图表法所需的高压吸附数据相对较少,可能会影响吸附相密度的准确性。为保证图表法推导的吸附相数据的精度,选择各样品40 ℃等温吸附曲线外推得到的吸附相密度,并绘制了40 ℃等温吸附曲线的五个不同吸附相密度对应的绝对吸附量曲线(图 4-10)。

从图 4-10 中可以看出,亚临界条件下不同煤岩的 CO_2 吸附能力无明显差距,而在超临界 CO_2 状态下出现明显的离散现象,表明吸附相密度对超临界

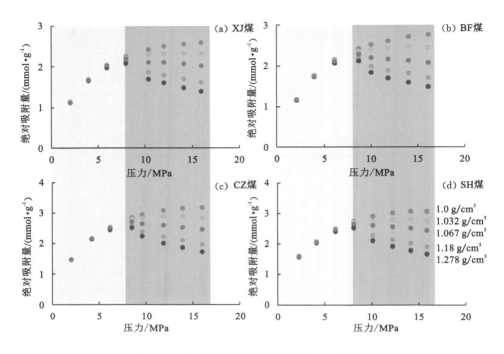

图 4-10   不同吸附相密度值计算的绝对吸附量

CO_2 吸附能力的影响显著大于吸附相密度对亚临界 CO_2 吸附的影响,这也从侧面表现了超临界 CO_2 吸附过程与气态 CO_2 吸附过程存在一定的差异。而随着吸附相密度值逐渐变大,高压下绝对吸附量向下偏离越明显,吸附相密度中仅 1.0 g/cm³ 的绝对吸附量曲线在压力增加条件下逐渐增加,其他吸附相密度对应的绝对吸附曲线均在超临界范围内开始降低,这违反了吸附量在压力增加下不断增加的事实,表明上述的几种吸附相密度值大于真实吸附相密度值。此外通过计算可得相对于 1.0 g/cm³ 的吸附相密度,即使吸附相密度增量仅为 3.2%,绝对吸附量也会出现下降,表明吸附相密度对绝对吸附量的计算起到至关重要的作用,而微小的偏差也会导致在评估真实吸附量时出现低估的情况。值得注意的是,通过图表法推导得出的吸附相密度计算的 CO_2 绝对吸附量仍然出现降低趋势,表明该值与真实吸附相密度仍然存在较大差距,如 Gensterblum 等(2009)通过超临界 CO_2 在 F400 活性炭上的吸附实验获得的 CO_2 吸附相密度在 0.963～0.995 g/cm³ 之间。对于前人以及本次获得的 CO_2 吸附相密度值偏高的原因可能为:① 实验数据相对过少,拟合数值存在一定偏差,而从上述分析可以看出,即使是百分之几的偏差也能导致绝对吸附量出现较大偏差;② 高

估了煤岩与 CO_2 分子之间的相互作用;③ 吸附相在垂直于煤岩表面的分布是不均匀的而是随着距离逐渐减小,直到与自由相密度相等,因此真实的吸附相密度应是这一递减密度的平均值,实际值必然小于煤岩表面呈高凝聚状态的第一层吸附相密度。

4.5.3　吸附分子层数

超临界状态下 CO_2 不会发生凝聚,因此在压力不断增加的情况下,CO_2 分子会趋向于在固体表面依次排列形成多层吸附的 CO_2 分子层(Sakurovs et al., 2008; Zhou & Zhou, 2009)。不同温度下超临界 CO_2 在活性炭中的吸附实验揭示,临界温度到 318 K 左右的超临界 CO_2 吸附会形成多分子层,但分子层随温度增加而减小(Zhou et al., 2003)。因此通过吸附相内分子层数能够清楚地揭示超临界 CO_2 的吸附机理。为了评价吸附相中吸附质的平均分子层数,Zhou 等(2003)提出了一个方程来计算吸附相中吸附质的分子层数,如下:

$$V_a = A_a \sigma \lambda \tag{4-3}$$

其中,V_a 吸附相体积;A_a 是吸附剂总的比表面积;σ 是单个吸附质分子的平均延展范围;λ 是平均吸附层数。

$$\sigma = [1/(10^{-3}\rho_a A_v)]^{1/3} (\text{cm}) \tag{4-4}$$

其中,ρ_a 是吸附相密度;A_v 是阿伏伽德罗常数,6.022×10^{23}。

沁水无烟煤不同温度下超临界 CO_2 吸附相中平均分子层数计算结果如表 4-3 所示,超临界 CO_2 在 XJ 煤 40 ℃ 的平均吸附层最大,为 1.7;在 CZ 煤 80 ℃ 的平均吸附层最小,为 1.04。Zhou 等(2003)开展的活性炭的超临界 CO_2 吸附研究亦表明,在临界温度之上的温度附近超临界 CO_2 以多分子层形式吸附。这些结果表明,在实验温度下超临界 CO_2 的多分子层吸附作用是煤中超临界 CO_2 吸附机理的合理解释。虽然煤样代表的煤级范围较窄,但反映出不同温度点下的超临界 CO_2 吸附分子层随煤级增加而减少的趋势[图 4-11(a)]。

表 4-3　吸附相中平均 CO_2 分子层数(微孔比表面积由低温 CO_2 吸附得到)

样品	比表面积/($m^2 \cdot g^{-1}$)	温度/℃				
		40	50	60	70	80
XJ	164.62	1.70	1.66	1.55	1.47	1.35
BF	177.13	1.62	1.58	1.55	1.48	1.35
CZ	251.72	1.32	1.24	1.17	1.08	1.04
SH	226.46	1.39	1.31	1.27	1.16	1.10

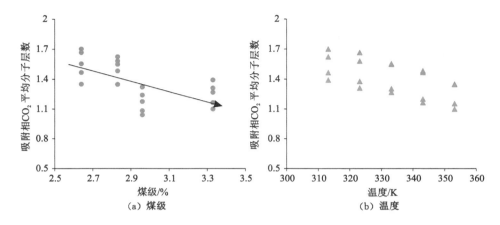

图 4-11　最大 CO₂ 分子吸附层与煤级和温度的关系

随着煤级升高，提供高能吸附位的能力降低，高能吸附位向普通吸附位的转变导致原本多层分子吸附转变为单层吸附或不吸附。随着煤变质程度的升高，极性的含氧官能团，特别是甲氧基和羧基不断减少，到无烟煤阶段几乎完全消失，同时煤大分子结构缩聚与烷基侧链断裂共同造成煤孔壁逐渐均一化，高能吸附位不断减少（Gensterblum et al.，2013）。另一方面，超临界 CO₂ 吸附分子层与温度呈明显的负相关关系［图 4-11（b）］，暗示在温度继续增加的情况下单分子层吸附是主要的超临界 CO₂ 吸附状态。这种超临界流体吸附机理从多分子层吸附向单分子层吸附转换的现象仅出现在超临界温度以上的有限范围内，因此对于甲烷或氮气这种具有相对较低临界温度的气体，室温或更高温度下在煤及其他吸附剂中则表现为单分子层吸附（Zhou et al.，2002；Mosher et al.，2013）。

从前文 4.2 节和 4.4 节超临界气体影响因素的分析内容可知，孔隙结构特别是微孔孔体积和比表面积与煤中超临界气体吸附作用存在内在的控制作用。煤岩发育多尺度孔径孔隙，从毫米级的割理裂隙到次纳米级的晶间孔，吸附质分子在不同孔径孔隙内表面覆盖会带来不同的吸附状态。以狭缝型孔为例，当孔径小于一个吸附质分子直径时，该孔隙内无吸附现象发生；当孔隙直径大于一个吸附质分子直径时，会出现两种不同的吸附状态：① 体积填充式吸附；② 表面覆盖式吸附。某一温度压力条件下，煤基质表面能吸附的吸附质分子层数一定，即吸附空间高度一定，当该高度等于孔隙半径时，相对孔壁上吸附相空间恰好接触，该孔隙表现为吸附质分子的完全填充。因此存在某一孔径，使得一定温度压力条件下，小于该孔径的孔隙在状态上被吸附分子完全填充，而大于该孔径的孔隙内吸附相之间存在空隙,吸附质分子表现为孔壁上的表面覆盖。基于上述推论,可以认为超临界 CO_2 分子在煤中的吸附机理为多分子层的表面覆盖,而煤的多尺度孔隙特征造成了超临界 CO_2 吸附机理在不同孔径孔隙内的状态不同,导致吸附形式上存在差异。

为具体分析吸附相 CO_2 填充孔隙的状态,根据表 4-3 中各温度点的平均吸附分子层数,假设 CO_2 分子动力学直径为 0.33 nm,微孔为狭缝型孔隙结构,计算了相应的能够被完全填充的最大微孔孔径,如表 4-4 所示。结果表明,实验温度下超临界 CO_2 多分子层吸附会造成不同孔径的微孔被完全填充,随着温度的增加,可被完全填充的微孔孔径减小。如 40 ℃时 CZ 煤样微孔被完全填充的最大孔径为 0.87 nm,大于该孔径的微孔及大中孔超临界 CO_2 以多分子层覆盖的形式吸附在煤孔壁表面,而温度增加到 80 ℃时,能被完全填充的最大微孔孔径减小为 0.68 nm,超临界 CO_2 在煤中完全填充的孔隙孔径明显减小。

表 4-4　吸附相 CO_2 完全填充的最大孔径计算结果

样品	厚度／nm				
	40 ℃	50 ℃	60 ℃	70 ℃	80 ℃
XJ	1.12	1.10	1.02	0.97	0.89
BF	1.07	1.04	1.02	0.98	0.89
CZ	0.87	0.82	0.77	0.71	0.68
SH	0.92	0.86	0.84	0.77	0.72

注:CO_2 动力学半径为 0.33 nm。

根据表 3-3 中无烟煤孔隙结构参数,煤的比表面积 90% 以上由微孔贡献,因此煤的吸附能力由微孔主导,而在低温 CO_2 所测的微孔孔径分布特征图中可见各煤样微孔孔径的优势分布范围为 0.33～0.65 nm(图 4-12)。与表 4-4 的结果比较可知,该范围内的微孔均能被 CO_2 分子完全填充,因此可以认为,沁水盆地无烟煤超临界 CO_2 吸附机理主要是多分子层吸附引起的微孔填充,吸附能力主要由微孔填充贡献。根据前文吸附相 CO_2 分子层数与煤级的关系可以推测,对于具有更多高能吸附位的烟煤,完全填充的微孔孔径可能更大。这也解释了对于多数微孔发育的煤或页岩来说,以微孔填充模型为基础的 Dubinin-Radush-kevich 吸附模型与实验结果具有更好的拟合效果(Harpalani et al.,2006;Rexer et al.,2013;Song et al.,2015;Okolo et al.,2019)。大中孔比表面积占孔隙总比表面积低,因此吸附分子层的计算结果可外推至整个孔径范围,即较小微孔内超临界 CO_2 吸附方式为微孔填充,而更大孔径孔隙内超临界 CO_2 吸附方式则为多分子层表面覆盖,随着温度增加分子层数与可被完全填充微孔孔径减小,吸附方式会转变为微孔填充与不饱和单分子层表面覆盖的形式。

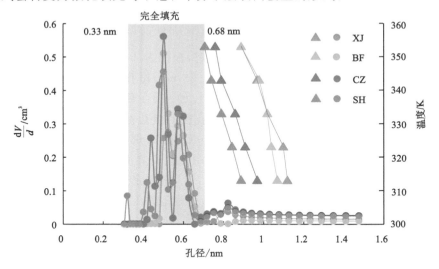

图 4-12　低温 CO_2 吸附所测的微孔分布与不同储层温度下最大填充孔径的关系

4.6　小结

本章通过干燥无烟煤样超临界 CO_2 等温吸附实验结果,分析了煤级、温度、煤岩组分、灰分以及孔隙参数对吸附作用的影响,并结合高温 CH_4 吸附实验讨论了煤岩煤质与孔隙结构对吸附作用的影响;分析了温度和煤级对吸附热的影响;计算了超临界 CO_2 吸附相密度和吸附分子层数,揭示了超临界 CO_2 在煤孔隙内的吸附方式,主要结论如下:

（1）气体吸附作用主要发生在微孔,微孔填充模型能较好地拟合实验结果,因此本次研究中采用超临界 D-R 吸附模型来表征超临界气体在煤中的吸附行为。不同因素与吸附能力的相关性研究表明,温度、煤级和比表面积与吸附能力相关性较强,其中煤级和煤岩组分对吸附作用的影响主要取决于微孔发育程度;孔隙结构参数与吸附能力的不同相关性表明,大孔和中孔对吸附能力贡献不大,微孔的孔体积和比表面积与吸附能力具有极高的相关性,表明吸附作用主要发生在微孔。

（2）微孔含量最高的煤样具有最高的吸附热,此外微孔平均孔径越小,吸附热越高,这是由于孔径越小,孔壁两侧吸附势叠加越明显,造成相同吸附量的吸附热增加;吸附热受温度影响不明显,BF 和 XJ 煤样在高温吸附热逐渐增加,SH 和 CZ 煤样吸附热随温度保持不变或轻微减小,这可能与挥发性组分含量有关。

(3) CH_4 吸附能力除了与煤级具有较高正相关性,其他煤岩煤质参数均未显示相关性,这与煤样选择有关,所选煤样煤岩煤质参数范围较窄,因此无法表现出具有统计学意义的相关性特征;另外,CH_4 吸附能力与孔隙结构参数的相关性表明,孔径越小,相关性越高,且微孔与吸附能力的相关性显著小于 CO_2 吸附能力与微孔结构参数的相关性,这可能是由于 CH_4 和 CO_2 在煤中孔隙的吸附方式不同,相对于 CH_4,CO_2 更倾向于微孔填充式吸附方式。

(4) 本次研究采用图表法推导了不同温度不同煤岩的超临界 CO_2 吸附相密度,结果表明,吸附密度在 $1.066 \sim 1.131$ g/cm^3 之间,与前人结果基本吻合;吸附相密度与煤级成负相关关系,这与煤化过程中煤基质上极性吸附位减少有关,高温对吸附相密度影响结果异常,可能与高温条件下缺少足够高密度 CO_2 吸附实验数据有关;不同超临界 CO_2 吸附相密度计算的 CO_2 绝对吸附曲线结果显示吸附相密度越高,与真实吸附量结果偏离越大,这是由于吸附相并不是均质的而是随着与孔壁表面距离加大密度逐渐减少,这也证实了超临界 CO_2 多分子吸附行为;通过计算超临界 CO_2 在煤中的吸附分子层数,实验温度下,超临界 CO_2 均表现为明显的多分子层吸附,随着温度增加分子层数减小,结合 CO_2 分子动力学直径和煤样优势微孔孔径分布范围,可以认为研究区煤样的超临界 CO_2 吸附方式是在微孔中为体积填充,而在大中孔内则表现为多分子层吸附。

5 煤岩超临界 CO_2 吸附行为及其控制机理

　　煤岩超临界 CO_2 吸附过程受环境和吸附体系的共同控制,而不同控制因素作用机理不尽相同。环境因素温度和压力作用与固-气与气-气之间相互作用,通过改变分子间相互作用来控制吸附过程,吸附分子层数在不同温度和压力条件下的计算可以清楚反映温度压力改变带来的吸附分子层数变化。压力对吸附体系的影响实质是改变气体间分子距离,超临界 CO_2 临界点附近急剧变化的密度特征使得压力对吸附分子层影响不敏感,而自由相密度能更直观地反映气体分子间距。因此本章重点从温度和自由相密度角度探讨其对超临界 CO_2 吸附作用的控制机理。前文研究表明,煤岩超临界 CO_2 受孔隙结构控制,尤其与微孔孔体积和孔比表面积成极高的正相关性,分子层数和可填充孔径计算结果亦表明,超临界 CO_2 在微孔中以体积充填形式存在,而在大中孔中则表现为多分子层覆盖,并基于该认识可建立煤岩不同孔径孔隙内的吸附模式。

　　煤储层条件下 CO_2 随埋深增加,相态从气态逐渐过渡到超临界态,不同相态 CO_2 在温度、压力和自由相密度的控制下在煤岩孔隙中呈变化的吸附状态,因此需探讨不同埋深条件下 CO_2 的吸附行为。埋深条件下温度压力变化对不同气体影响不同,CH_4 具有相对较低的临界点,压力对自由相密度变化影响不及 CO_2,因此必然造成 CH_4 与 CO_2 在相同煤储层条件下的吸附行为的差异。为此,本章深入探讨了埋深条件下 CO_2 吸附过程以及不同气体性质造成的超临界 CO_2/CH_4 吸附差异。

5.1 煤岩超临界 CO_2 吸附状态的温度和自由相密度影响

5.1.1 温度控制

　　图 4-3 的结果显示由超临界 D-R 吸附模型得到的超临界 CO_2 吸附能力随温度增加而降低。图 5-1(a)显示超临界 CO_2 吸附能力与温度的倒数成极高的正线性关系,通过该线性方程的推导可以得到在温度倒数接近零时,吸附能力为

负数,这可能与温度增加引起的体积膨胀有关。显然,这一线性关系与 Langmuir 单分子层吸附机理不符,因为该模型是基于吸附过程的非温度敏感性假设。该结果同样不符合基础的体积填充吸附理论,这是由于微孔体积和比表面积与气体温度无关,而实际条件下,温度显著控制了吸附相中分子的分布,因此在超临界条件下,运用 SDR 模型得到的吸附能力不能作为测量煤中微孔孔隙参数的依据。而在目前常用的吸附模型中均未将这一明显负线性关系列入吸附模型中。反映吸附热的常数 D 值与温度的平方成极好的线性关系[图 5-1(b)],这与吸附热方程中的定义一致。计算得到的吸附热范围变化小,在 $26.15\sim29.23$ kJ/mol,对于同一煤样,吸附热的变化范围更小,表明吸附热对温度的敏感性较弱,但不同煤样的吸附热相差较大,如 SH 煤的吸附热明显大于其他三个煤样,暗示在特高煤级下吸附更易发生。

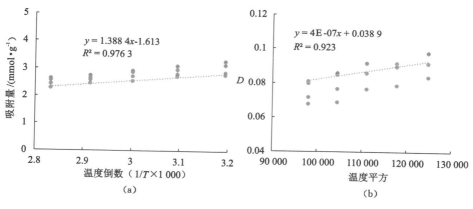

图 5-1　超临界 CO_2 吸附能力(a)和吸附热常数(b)与温度的相关性

对于超临界 CO_2 吸附,温度增加,自由相 CO_2 分子间距和吸附相 CO_2 分子间距均会增加,但自由相 CO_2 分子间距增加更为明显,这是由于吸附相中 CO_2 分子受到煤表面吸附势的束缚。相较于自由相内 CO_2 分子间距的增加,吸附势范围内 CO_2 分子间距增加幅度小,且越靠近煤表面,分子间距增加幅度越小。由于煤表面吸附势的作用范围有限,吸附势范围内最外层的 CO_2 分子因与内层分子间距增加而脱离吸附势范围,形成自由相 CO_2,进而造成吸附相密度、层数和吸附量的降低[图 5-2(a)]。需要指出的是,虽然吸附相内 CO_2 分子受到较强的束缚作用,但温度的增加同样会造成同一层 CO_2 分子间的距离增大,越接近煤基质表面这种增大效应越小,因此随着温度的升高,从垂向上和平面上 CO_2 分子间距均增大,煤中超临界 CO_2 吸附机理从多分子层吸附转变为单分子层吸附,在本次研究中不同煤样超临界 CO_2 单分子层吸附对应的温度为 $95\sim$

140 ℃,不同的转换温度受煤孔隙表面高能吸附位分布及数量的影响。此外,除了高能吸附位上吸附层数的显著减少,温度的增加同样会造成吸附相内同一层 CO_2 分子间距(第一层)的增加,因此对于高温条件下的单分子层吸附行为,温度增加依然能造成吸附能力的降低。

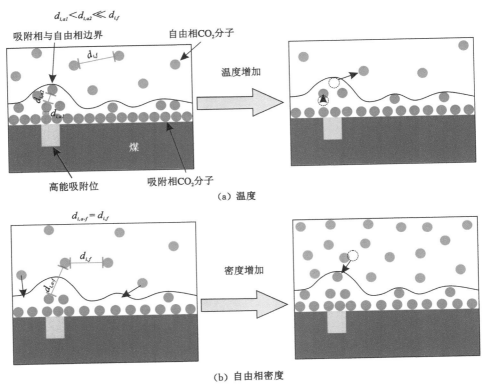

图 5-2　煤中超临界 CO_2 吸附的温度与自由相密度控制机理

超临界气体性质特殊,其密度在压力的作用下是连续变化的,特别是在远高于临界温度的条件下,超临界流体密度与压力成逐渐增强的线性关系。正是由于超临界气体的非凝聚性,其吸附过程不会出现饱和压力下的大中孔完全充填现象(Kaneko & Murata,1997)。因此在超临界状态下的某个温度下,在饱和压力下存在一个孔径的最大值,该值以下的孔隙能够被超临界气体完全填充(Sakurovs et al.,2008)。这与亚临界气体吸附不同,亚临界气体在饱和压力下会形成凝聚态的液体,因此其在整个孔隙网络内都类似于完全填充。基于该假设,温度对超临界气体的吸附能力控制是通过减小能够被完全填充的最大孔径,即温度增加,微孔填充量减小。对于 CH_4 和 CO_2 这两种气体性质相差较大的超临界气体,实验室进行的高温吸附实验中的温度对这两种气体的控制作用相差较大,这是由于 CO_2 具有更高的临界温度。相同温度下压力对 CO_2 吸附的影响大于甲烷,因此实验室的超临界 CO_2 吸附实验受压力或自由相密度的影响同样重要,特别是在临界压力附近。

5.1.2 自由相密度控制

压力虽然对煤中气体吸附具有正效应,但其影响随压力增加而逐渐减小,低压条件 CH_4/CO_2 吸附量随压力增加而呈近乎线性增加,而在高压阶段两者呈不同变化趋势,如实验得到的 CO_2 过剩吸附曲线在高压下出现明显下降(图 3-8),而 CH_4 的过剩吸附则仍然表现为缓慢增长(图 3-12),这是由于高压下气体自由相密度与吸附相密度差异小,实验直接计算的吸附量缺少在吸附空间内但密度为自由相密度的气体量,因此自由相密度与吸附相密度越小,过剩吸附量与绝对吸附量差距越大。需要注意的是,实验温度条件下超临界 CO_2 的密度随压力变化为非线性,尤其是越接近临界温度,CO_2 密度在临界压力附近的变化越剧烈,因此研究中采用分析压力衡量对超临界 CO_2 吸附的影响显然不准确。此外由于过剩吸附量不是真实气体吸附量,无法反映由相密度变化对真实吸附量的控制作用,因此图 5-3 绘制超临界 CO_2 绝对吸附量与密度的变化曲线(图中假设 CO_2 吸附相密度为 $1~g/cm^3$)。

从图 5-3 中可以看出,超临界 CO_2 吸附量随密度变化呈现出与超临界 CH_4 吸附量随压力变化类似的规律,同时超临界 CO_2 吸附量随自由相密度增加而增加但幅度逐渐减小,这反映出压力对吸附量影响的实质是自由相密度变化对吸附能力的影响。

煤中超临界 CO_2 吸附作用的体系中,超临界 CO_2 存在两种相态:一是附着于煤孔壁表面的吸附相 CO_2;二是游离于孔裂隙中心的自由相 CO_2。由煤强烈非均质性造成的孔壁表面吸附势的不均匀分布导致吸附质的分子层数存在差异,高能吸附位上会附着更多层的超临界 CO_2 分子,而越靠近煤孔隙中心,吸附势越弱,形成的吸附相密度越小,即吸附相密度从煤孔壁表面向孔隙中心递减(Day et al.,2008a;Mosher et al.,2013)。在同一温度条件下,压力增加会导致自由相密度增加,具体表现为自由相 CO_2 分子间距减小,进而导致自由相 CO_2 分子与吸附相内最外层 CO_2 分子距离的减小,当初始状态吸附相内最外层 CO_2 分子与自由相 CO_2 分子的距离小于吸附势范围与初始状态吸附相内最外层 CO_2 分子的距离时,这些自由相 CO_2 分子则会转变为吸附的 CO_2 分子[图 5-2(b)]和 CO_2 分子在煤表面从单分子层吸附向多分子层吸附转变。对超临界

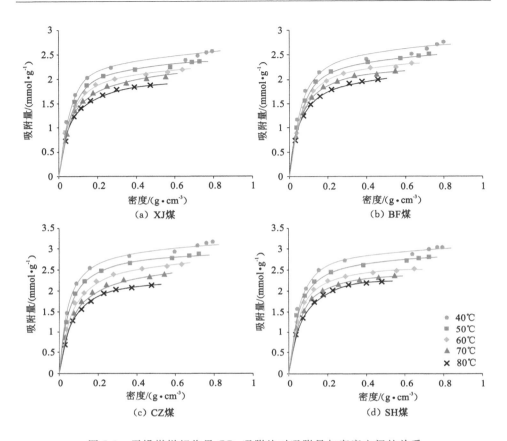

图 5-3　干燥煤样超临界 CO_2 吸附绝对吸附量与密度之间的关系

CO_2 来说,在临界温度附近,较小压力的增加会显著增加超临界 CO_2 的密度,而随着压力的进一步升高,超临界 CO_2 的密度增加幅度越来越小,导致吸附量增量也在减小。然而随着温度升高,这种较小压力增长带来的密度显著增加现象却逐渐减弱,因此在高温条件下,自由相密度增加带来的正效应逐渐降低,即自由相密度增加造成多分子层吸附的能力减弱。

　　由于 CO_2 相对较高的临界温度,且该温度在地层条件下常见,因此在 CO_2 地质存储中,不同深度下 CO_2 的相态会发生转变。即使在超临界状态下,CO_2 密度仍然呈现两种具有明显差异的变化:一种是在高温条件下,气体呈类气态,密度随压力增加较为明显;另一种为低温高压条件下,气体呈类液态,密度随压力增加而保持不变或增长缓慢。区分二者的界限为超临界等容线(Widom 线),虽然该线目前没有明确的定义,但许多学者的研究表明,超临界流体虽然在温度

和压力变化下无相变,但密度和流体性质却存在显著差异(Fomin et al.,2015;
Artemenko et al.,2017;Guevara-Carrion et al.,2019)。一般认为该线代表的
密度与临界点密度相等。

因此这两种状态下的地层中的超临界 CO_2 的吸附行为会呈明显差异,这是
由于后者密度变化缓慢,在地层条件的相对降低的压力下,CO_2 自由相密度变
化基本可以忽略,导致密度对 CO_2 吸附的影响亦可忽略。

根据以上分析,密度发生变化的区间为亚临界状态和超临界的高温状态。
而地层条件下,温度压力是协同变化的,因此在实际情况中,对于超临界条件下
密度的变化的探讨可分为类气态和类液态两种情况。将研究区沁水盆地煤储层
温度压力随埋深变化投点到 CO_2 相态图中可以看到[图 5-4(a)],该梯度线与超
临界等容线交叉,即在地层条件下 CO_2 会随温度压力协同变化出现三种不同相
态:一种为典型的气态;一种为超临界的类气态;一种为超临界的类液态。三种
相态下 CO_2 的密度变化亦不相同,因此由于 CO_2 性质变化与埋深条件温度压力
协同变化的共同控制作用,CO_2 密度为非连续性变化,临界点附近 CO_2 密度随
温度压力变化剧烈,尤其是临界温度和临界压力上 CO_2 密度出现急剧变化的趋
势,而压力更大后该趋势消失[图 5-4(b)],密度对吸附作用的影响会随着埋深
变化出现不同变化,这一现象将在后文讨论。

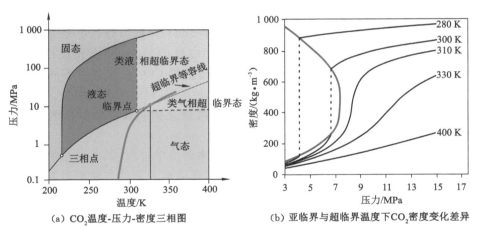

(a) CO_2温度-压力-密度三相图 (b) 亚临界与超临界温度下CO_2密度变化差异

图 5-4

[图(a)中绿色实线为沁水盆地温度压力梯度,与超临界等容线的交点温度大约在 50 ℃;
图(b)中 CO_2 临界点密度为 0.468 g/cm^3]

5.2 超临界 CO₂ 吸附行为与模式

5.2.1 微孔填充理论与煤岩超临界 CO₂ 吸附动力学

　　微孔填充模型基于吸附势理论,认为固体表面存在一个吸引附近分子的场,该场为吸附势,吸附势自固体表面逐渐减小,在固体表面由于吸附势的作用,能够吸引气体分子堆积在其表面,形成单分子层或多分子层吸附。因此可以将空间内自由相空间和吸附相空间用吸附势场来界定[图 5-5(a)]。然而理论上来说,吸附势的作用范围为无限远,因此界定自由相与吸附相显得毫无意义。在实际研究吸附作用中,可定义吸附势范围仅局限在固体表面的几个气体分子直径范围,这是由于气体分子间存在相互作用力,在一定距离后固-气相互作用明显小于气-气相互作用,因此吸附势对该距离后的气体分子几乎无影响。Li 等(2019)将固体表面的吸附势变化近似地解释为一个吸附势阶梯,吸附相仅出现在该阶梯内。由于该阶梯具有一定的高度,因此不同尺寸孔隙内吸附的气体分子会呈现不同状态,当孔径大于该吸附势高度,吸附仅发生在固体表面,而在孔中心处则无吸附作用[图 5-5(b),(c)];当孔径小于该吸附势高度,吸附势范围涵盖了整个孔径,此外由于两侧孔壁吸附势的叠加导致吸附势大于单孔壁吸附势,因此气体分子在孔隙中呈紧密填充状态[图 5-5(d)]。然而微孔填充无法解释超临界 CO₂ 在煤岩中的吸附过程,这是由于超临界 CO₂ 的非凝聚性使得吸附相与自由相无明显边界,其动力学过程反映了超临界 CO₂ 在煤岩中不同吸附过程。Ozdemir(2017)认为煤岩的超临界 CO₂ 动力学过程伴随着吸附量、吸附热、煤的平均微孔孔径和体积膨胀的不断变化,需建立新的吸附模型来表征这些变化。

　　各个压力点下吸附速率可以用来表征吸附动力学过程,因此需测量平衡压力前一定时间范围内的吸附量。理论上来说,压力越大能够迫使更多的吸附质分子在同一时间内进入吸附空间,因此在吸附速率上的表现是变大的(Charrière,2010),但高压下煤岩的 CO₂ 吸附速率显著小于低压条件(Song et al.,2015)。导致高压下吸附速率降低的原因可能是实际吸附量接近饱和吸附量时,大部分吸附位已经饱和,相同时间内 CO₂ 分子进入剩余吸附位的数量显著减小。煤岩的超临界 CO₂ 吸附实验亦表明剩余吸附量(平衡吸附量-实时吸附量)随时间的增加而降低,且在低压范围内吸附速率更快。高压条件下(16.83 MPa),剩余吸附量随时间变化波动较大,这与吸附造成的放热效应有关(Song et al.,2015)。吸附过程可分为前快速吸附与后慢速吸附,而后者虽然时

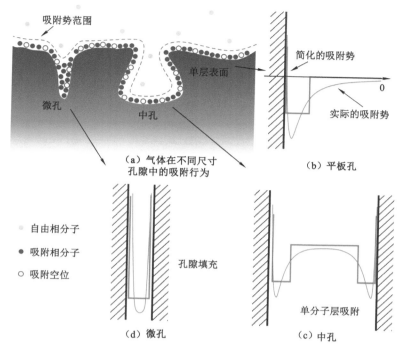

图 5-5　气体在不同尺寸孔隙中的吸附行为(改自 Li et al.,2019)

间较长,但吸附量增加幅度显著大于前者(Siemons et al.,2007)。

　　不同粒径煤样的超临界 CO_2 吸附实验结果表明,CO_2 吸附速率与粒径成负相关性(Busch et al.,2004;Gruszkiewicz et al.,2009),这是由于气体分子的扩散或渗流方式受孔隙大小的约束(Cui et al.,2004;Naveen et al.,2017),其粒径越小,暴露在超临界 CO_2 流体中的煤岩表面积越大,使得同一时间内有更多的 CO_2 分子与煤岩发生相互作用。温度虽然对煤岩的吸附能力起抑制作用,但高温使得气体分子具有更高的活性,从分子角度来说,能够增加其与煤岩表面碰撞的概率,从而加快吸附过程,Charrière 等(2010)和 Busch 等(2004)开展的煤岩的 CO_2 吸附实验亦证实高温下,达到吸附平衡所需的时间越短[图 5-6(a)]。当温度降低 13 ℃时,吸附速率降低 2 倍左右(Busch et al.,2004)。煤级对吸附速率的影响尚未有明确规律性的报道,但从绝对值上来说温度对吸附速率的影响小于煤级对速率的影响,而 Li 等(2010)发现烟煤的初始吸附速率最低,但无烟煤最先达到吸附平衡[图 5-6(b)]。低阶煤所呈现的最高的初始吸附速率可能与其较高的含水量和更多的极性官能团有关,CO_2 在水中的溶解作用迅速,能够通过 H_2O-CO_2-煤岩反应增加视吸附速率,此外极性官能团提供了更高的能量加快了吸附过程(Larsen et al.,2004;Dutta et al.,2011)。

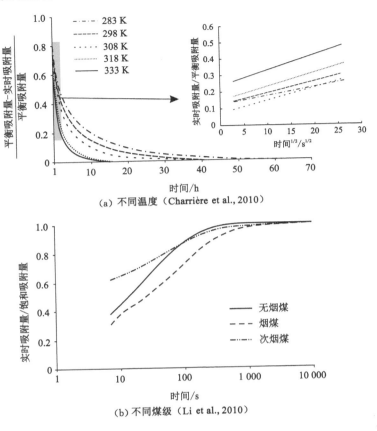

（a）不同温度（Charrière et al., 2010）

（b）不同煤级（Li et al., 2010）

图 5-6　温度与煤级对超临界 CO_2 吸附速率的影响

5.2.2　不同孔径内超临界 CO_2 吸附模式

煤岩的超临界 CO_2 最大吸附能力与煤的孔隙度成轻微正相关关系,高孔隙率反映了高的比表面积,能够提供更多的吸附位(Day et al.,2008b)。然而该研究中所测孔隙孔径较大,无法反映微孔中超临界 CO_2 的吸附方式。微孔填充理论认为气体分子以体积填充的形式紧密堆积在微孔内,显然该吸附方式无法存在于大中孔中,吸附势自孔壁向孔中心快速衰减,无法有效吸引孔隙中心的吸附质分子(Bering et al.,1966;Do et al.,2003)。因此理论上来说,超临界 CO_2 不可能仅以微孔填充的形式保存在煤岩孔隙中,而必然存在多种吸附方式。Liu和 Wilcox(2012)运用分子模拟计算了不同尺寸孔隙内 CO_2 吸附相密度,结果显

示靠近孔壁表面的 CO_2 吸附相密度显著高于孔隙中心,且在微孔级别随孔径减小吸附相密度增加(图 5-7)。理论计算和分子模拟结果均显示,超临界 CO_2 在煤中不同孔隙的存在形式不同,体积填充仅出现在较小尺寸微孔中,而更大孔隙中则出现多分子层覆盖(Zhou et al.,2003;Mosher et al.,2013)。页岩的超临界 CH_4 吸附实验结果亦表明,超临界 CH_4 在页岩孔隙中存在不同的吸附方式,并受孔径大小的控制(侯宇光 等,2014;陈磊 等,2016;Zhou et al.,2018)。Song 等(2018)利用超临界 Dubinin-Radushkevich 吸附模型与 Langmuir 单分子层吸附模型的联合表征界定了超临界 CH_4 在页岩中的最大可被完全填充孔径,证实了气体在多孔介质中会根据孔隙孔径呈现不同的吸附方式。

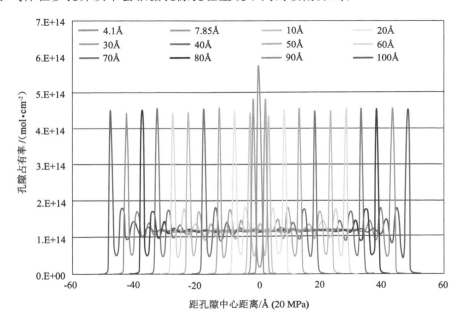

图 5-7　不同孔径的狭缝型孔中吸附相密度在孔中的分布
特征模拟结果(Liu & Wilcox,2012)

　　煤岩中超临界 CO_2 吸附作用同样会出现多吸附行为共存的形式,然而与超临界 CH_4 不同的是,根据干燥无烟煤超临界 CO_2 吸附分子层的计算,40~80 ℃内的超临界 CO_2 吸附均能出现多分子层吸附(表 4-3)。此外根据自由相密度对吸附作用的影响,超临界 CO_2 在高压下的高压缩性使得其比超临界 CH_4 更容易形成多分子层。因此在一定温度下,超临界 CO_2 在煤岩中的吸附行为会随着自由相 CO_2 密度的增加而发生改变,在低密度条件下,CO_2 分子首先进入吸附势较大的微孔和大中孔的部分极性吸附位上,形成微孔填充与不完全单分子比表面覆盖共存的吸附模式,该模式下微孔填充的孔径较小,仅为 1～2 个分子直径[图 5-8(a)],该阶段由于吸附势较大,因此吸附量增加较快,对应吸附曲线的快速增加阶段;随着压力的增加和极性吸附位被填满,CO_2 分子开始进入非极性吸附位,由于没有如极性吸附位般过剩的不平衡电荷,因此该吸附过程相对缓慢,且与压力作用具有紧密联系,直到第一层分子层铺满。由于超临界 CO_2 的非凝聚性,使得其密度能够进一步增加,部分 CO_2 分子开始在极性吸附位附近进行二层或多层的吸附,这一多分子层吸附作用同样会发生在微孔内,其吸附量增加的表现为被完全填充微孔的孔径增加,于是形成了微孔填充与多分子层覆盖的吸附模式,该情况下的微孔填充孔径大于低自由相密度下的微孔填充孔径[图 5-8(b)]。需要指出的是,虽然真实状态下,煤岩中超临界 CO_2 的吸附行为是微孔填充+多分子表面覆盖的联合吸附模式,但煤岩是微孔极其发育的介质,微孔的比表面积占总孔比表面积的绝对多数,而根据前文吸附分子层数的计算,最大分子层数不超过 2,假设微孔为狭缝型孔,CO_2 分子动力学直径为 0.35 nm,则可被完全填充微孔的最大孔径不超过 1.4 nm,仍然属于微孔范围,此外根据无烟煤样 80 ℃ 的最大可被完全填充微孔的孔径范围的计算结果,最小值为 0.68 nm,仍大于本次无烟煤样优势孔径范围(0.3～0.6 nm)。据此可以认为,煤岩中超临界 CO_2 在大中孔中以多分子层表面覆盖的形式存在的吸附相 CO_2

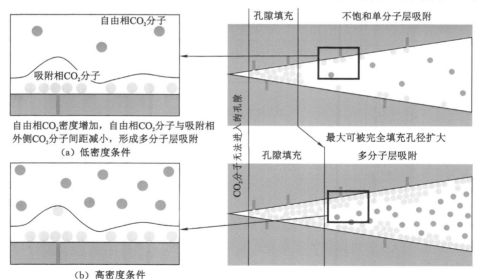

图 5-8　煤岩不同孔径孔隙内超临界 CO_2 吸附模式

与微孔填充的吸附相 CO_2 在吸附量上具有极大差距,因此以微孔填充理论为基础的超临界 D-R 吸附模型能够很好地表征煤岩的超临界 CO_2 吸附过程。

5.3 埋深条件下 CO₂ 吸附行为的超临界等容线约束

5.3.1 埋深条件的超临界 CO₂ 等温吸附曲线拟合结果

为描述不同埋深环境温度压力含水条件下的超临界 CO_2 吸附特征,选取 1 000 m、1 500 m 和 2 000 m 的煤层为温度压力实验点,同时为使煤样更具代表性,本次模拟不同埋深下深部煤层超临界 CO_2 吸附特征的煤样分别为中煤阶 YW 煤、高煤阶 CZ 煤和特高煤阶 SH 煤。拟合方程为超临界 D-R 吸附模型(方程 4-1),拟合所得参数与拟合曲线见表 5-1 和图 5-9。虽然实验数据与拟合曲线整体拟合程度较高,但与干燥煤样超临界 CO_2 吸附拟合曲线不同的是,45 ℃ 的过剩吸附曲线与 62.5 ℃ 的过剩吸附曲线存在交点。虽然该交点对应的密度不同,但并没有明确的物理意义,可能是由于实验数据偏差所致。纵观该套实验结果,发现在过剩吸附量越过最大值后均有不同程度的阶梯式下降趋势,而这一特征在图 4-1 中并未发现,造成这一现象的原因可能是在该实验过程中超临界 CO_2 吸附时间过短导致相同时间内未达到吸附平衡。

表 5-1   模拟不同埋深条件的超临界 D-R 吸附模型拟合结果

参数	温度/℃	CZ 煤	YW 煤	SH 煤
n_0	45	43.049	39.378	40.742
	62.5	40.031	29.359	32.588
	80	31.256	29.989	31.165
D	45	0.041	0.053	0.038
	62.5	0.05	0.038	0.037
	80	0.047	0.057	0.046
k	45	−0.007	−0.001	−0.005
	62.5	−0.003	0	0.001
	80	−0.005	−0.006	−0.008

5.3.2 埋深条件下超临界 CO₂ 吸附的热动力学特征

为了更清楚地解释不同煤级含水煤层超临界 CO_2 吸附的温度影响作用,本

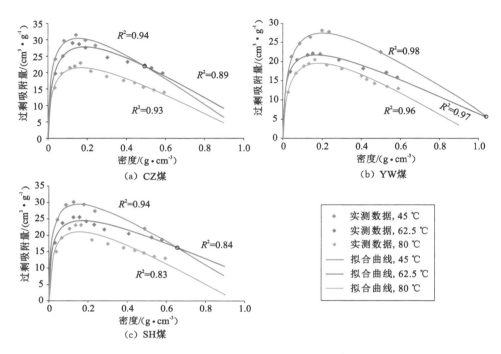

图 5-9　模拟 1 000 m、1 500 m 和 2 000 m 埋深下 CZ 煤、YW 煤和
SH 煤的超临界 D-R 吸附模型拟合结果

次研究应用模拟埋深条件下超临界 CO_2 吸附的吸附热来反映吸附的气体分子
与煤基质的相互作用。在超临界 D-R 吸附模型中，参数 D 可以用来表征煤与气
体分子的相互作用，可用该表达式求得：$D=(RT/\beta E)^2$；其中 R 是气体常数，T
是温度，E 是吸附热，β 是反映气体与吸附剂相互作用强弱的参数，此处可取值
为 0.35（Ozdemir et al.，2004）。据此通过超临界 D-R 吸附模型拟合得到的参
数 D 求得超临界 CO_2 吸附热范围为 32.83 至 40.9 kJ/mol（表 5-2），平均值为
37.76 kJ/mol，这一结果与 Day 等（2008）的研究结果一致（36 kJ/mol），但是高
于 Ozdemir 等（2004）和 Goodman 等（2005）的计算结果。此外，当 β 的取值为
0.39，得到的吸附热范围为 29.46 至 37.2 kJ/mol，平均值 33.89 kJ/mol，这一结
果与 Wood（2001）的结果一致。不同文献中的吸附热的差异是由于不同的实验
条件，超临界条件下吸附热普遍大于低压条件计算得到的吸附热，表明煤能够吸
附更多的超临界气体。超临界条件下自由相密度的增加是造成吸附量持续增加
的主要原因（Sakurovs et al.，2008）。

表 5-2　不同 β 值对应的超临界 CO₂ 吸附热

吸附热	温度/K	CZ	YW	SH	平均值
$E(\beta=0.35)/(kJ/mol)$	318.15	37.32	32.83	38.77	
	335.65	35.66	40.90	41.45	37.76
	353.15	38.69	35.14	39.11	
$E(\beta=0.39)/(kJ/mol)$	318.15	33.50	29.46	34.79	
	335.65	32.00	36.71	37.20	33.89
	353.15	34.73	31.53	35.10	

　　由于流体是超临界状态,在饱和压力下,吸附相与自由相密度之间仍不出现明显的边界,而是吸附相密度随着与煤孔壁表面距离的增加而逐渐减小并最终等于自由相密度。因此随着吸附量的增加(吸附分子层数的增加),可被完全填充的孔隙直径也在增大,在一定范围内,这种最大可填充孔径随温度和压力增加而增加(Sakurovs et al.,2010)。然而,在温度不断增加的情况下,压力影响作用减小,显然气体吸附量或吸附分子层数不会无限增加,当微孔内自由相密度等于最外侧吸附相密度时,该微孔被吸附相分子完全填充,因此在某一温度下存在一个最大的可被完全填充微孔孔径(Sakurovs et al.,2010)。

　　然而在实际地层条件下,CO₂ 密度增加是有限的,而温度对吸附能力的负效应一直存在,如前文所述,温度增加的负效应和密度增加的正效应必然在某一温度所示的温度压力条件下发生反转。超过该转换温度,温度继续增加导致吸附相分子自外而内逐步脱离煤孔壁的约束,成为自由相分子,这一过程是吸附相分子层减少,吸附能力下降的过程。转换温度之前,密度增加幅度决定了吸附相分子的吸附方式,自由相密度越接近吸附相密度,越能够造成多分子层吸附行为的出现,而多分子层的数量则决定了可被完全填充微孔的最大孔径。对于 CO₂ 来说,由于其具有高的临界条件,使得超临界 CO₂ 密度在高于超临界条件的一定范围内具有极强的可变性,特别是在不太高的温度和压力下能出现很高的密度(如当温度为 40 ℃、压力为 16 MPa 时 CO₂ 密度为 0.8 g/cm³)。因此超临界 CO₂ 在不同埋深的煤层中可能出现不同的吸附行为,如单分子吸附、单分子层-多分子层吸附和完全多分子层吸附等,不同分子层覆盖度又造成微孔填充的孔径范围存在显著差异。

　　基于上述超临界 CO₂ 吸附的转换温度的讨论,转换温度以上的轻微密度增长对吸附量的正效应明显滞后于温度带来的负效应,因此在达到转换温度时,煤层超临界 CO₂ 吸附量达到最大值,同时此时的孔径也是被完全充满微孔的最大孔径。该温度以上,不论压力如何增加,吸附量都随温度增长而减小,如本次吸附实验中等温吸附曲线上高密度阶段 45 ℃与 62.5 ℃绝对吸附曲线差距在 5 cm³/g 左右,而 62.5 ℃与 80 ℃吸附曲线差距在 10 cm³/g 左右。这一现象也能够解释埋深条件下,煤的 CH_4 与 CO_2 吸附能力随埋深的变化中存在一个最大值,这一最大值普遍存在于全球深部含煤盆地中(Hildenbrand et al.,2006;Han et al.,2017)。然而埋深条件下温度压力是如何影响吸附过程,特别是对超临界气体吸附过程中自由相密度变化对吸附方式的影响没有给予有效的解释。

5.3.3 不同埋深下超临界 CO_2 吸附行为的超临界等容线控制

为预测不同埋深条件下煤层理论最大 CO_2 吸附能力,研究采用了多组的平衡水煤样的高温高压实验结果,根据 Sakurovs 等(2007)提出的超临界 D-R 吸附模型进行了吸附数据拟合,拟合结果见图 5-10 和表 5-3。与相同煤样干燥基的吸附结果比较,最大吸附能力明显小于其对应的干燥基,而与吸附热和煤-气相互作用的参数 D 小于干燥样,表明:① 水分对煤岩的气体吸附具有显著的负效应;② 平衡水煤样与 CO_2 的相互作用较小。究其原因是水分子与 CO_2 在煤岩的竞争吸附作用,此外水分子与煤岩的相互作用表现在极性官能团上,相对于分子间作用力,水分子与煤岩能够形成结合能力更强的氢键,因此 CO_2 分子只能与煤中非极性位结合,导致吸附量与相互作用都减小。由于超临界 D-R 吸附模型基于微孔填充理论,该理论假设微孔填充过程与温度无关,而实际吸附过程中,无论是吸附量还是吸附热均受温度控制,因此在超临界 D-R 吸附模型的基础上需考虑不同吸附参数与温度的相互关系。

根据超临界 D-R 吸附模型和微孔填充理论,微孔中的吸附作用与温度无关,然而从实际等温吸附实验结果与本书 5.1.1 节的分析中可得出结论:温度不仅对吸附行为有重要影响,且随着温度的升高,其对吸附的控制作用显著大于自由相密度。超临界 D-R 吸附模型中已考虑了自由相密度对吸附的影响,因此需分析同一煤样各温度点下吸附参数与温度的关系。

由于本次实验均为无烟煤样,为最大程度反映不同煤级煤在埋深条件的吸附量特征,本次以 XJ 煤(无烟煤 Ⅰ)和 SH 煤(无烟煤 Ⅱ)为例,绘制了不同温度表达式与吸附参数的相互关系,如图 5-11 所示。温度单位换算成了绝对温度,从图中可以看出,最大吸附能力与温度的倒数,D 与温度的平方,k 与温度成极高的线性正相关性。

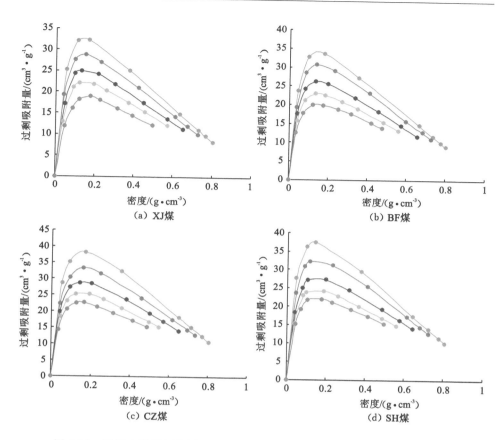

图 5-10 平衡水煤样超临界 CO₂ 等温吸附的超临界 D-R 吸附模型拟合结果

表 5-3 平衡水煤样等温吸附曲线的超临界 D-R 吸附模型拟合结果

煤样	拟合参数	温度/K				
		313.15	323.15	333.15	343.15	353.15
XJ	$V_0/(\text{cm}^3/\text{g})$	45.81	42.40	37.57	35.29	31.43
	D	0.058	0.068	0.069	0.078	0.090
	k	−1.46	−2.26	−3.56	−5.81	−7.19
	R^2	99.0	98.3	95.6	95.0	96.4
BF	$V_0/(\text{cm}^3/\text{g})$	48.71	45.62	38.97	34.40	31.56
	D	0.063	0.069	0.067	0.067	0.074
	k	−1.49	−2.75	−3.1	−3.60	−4.94
	R^2	98.9	98.0	97.8	97.4	97.3

表 5-3（续）

煤样	拟合参数	温度/K				
		313.15	323.15	333.15	343.15	353.15
CZ	$V_0/(\mathrm{cm}^3/\mathrm{g})$	55.35	49.01	43.52	38.65	35.44
	D	0.064	0.070	0.069	0.068	0.072
	k	−0.56	−0.95	−2.28	−4.00	−5.72
	R^2	99.6	99.3	98.7	97.9	96.6
SH	$V_0/(\mathrm{cm}^3/\mathrm{g})$	53.41	47.55	41.28	37.29	33.86
	D	0.059	0.063	0.068	0.070	0.071
	k	−1.09	−1.14	−1.60	−3.39	−3.56
	R^2	99.0	98.8	97.3	94.8	95.1

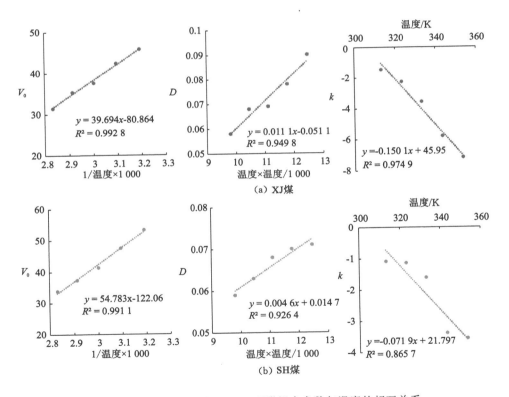

图 5-11　实验煤样超临界 CO₂ 吸附拟合参数与温度的相互关系

根据三参数各自的线性关系式得到如下表达式：

$$V_0(\text{XJ}) = 39.694\,\frac{1}{T} \times 1\,000 - 80.864 \tag{5-1}$$

$$D(\text{XJ}) = \frac{0.011\,1T^2}{10\,000} - 0.051\,1 \tag{5-2}$$

$$k(\text{XJ}) = -0.150\,1T + 45.95 \tag{5-3}$$

$$V_0(\text{SH}) = 54.783\,\frac{1}{T} \times 1\,000 - 122.06 \tag{5-4}$$

$$D(\text{SH}) = \frac{0.004\,6\,T^2}{10\,000} + 0.014\,7 \tag{5-5}$$

$$k(\text{SH}) = -0.071\,9T + 21.797 \tag{5-6}$$

将上述表达式代入超临界 D-R 吸附模型中,即可得到在不同温度下 XJ 和 SH 煤的超临界 CO_2 吸附量计算模型:

$$V_{\text{XJ}} = \left(39.694\,\frac{1}{T}1\,000 - 80.864\right)\left(1 - \frac{\rho_\text{g}}{\rho_\text{a}}\right)\mathrm{e}^{-\left(\frac{0.011\,17T^2}{10\,000} - 0.051\,1\right)\ln^2\left(\frac{\rho_\text{a}}{\rho_\text{g}}\right)} +$$
$$(-0.150\,1T + 45.95)\rho_\text{g} \tag{5-7}$$

$$V_{\text{SH}} = \left(54.783\,\frac{1}{T}1\,000 - 122.06\right)\left(1 - \frac{\rho_\text{g}}{\rho_\text{a}}\right)\mathrm{e}^{-\left(\frac{0.004\,6T^2}{10\,000} + 0.014\,7\right)\ln^2\left(\frac{\rho_\text{a}}{\rho_\text{g}}\right)} +$$
$$(-0.071\,9T + 21.797)\rho_\text{g} \tag{5-8}$$

CO_2 密度是温度和压力的函数,而在埋深增加的温度压力协同变化的条件下 CO_2 呈非线性变化。据前人对于沁水盆地南部 3# 煤储层地温梯度和压力系数的统计研究,该区 3# 无烟煤储层地温梯度为 3.53 ℃/100 m,压力系数近似为 1(孙占学 等,2005;孙家广 等,2017)。进而利用 NIST REFPROP 软件计算了 CO_2 密度在埋深下的变化曲线,根据不同的边界点(临界点和超临界等容点)可分为三个阶段:(Ⅰ)亚临界 CO_2;(Ⅱ)类气态超临界 CO_2;(Ⅲ)类液态超临界 CO_2[图 5-12(a)]。超临界条件下的阶段Ⅱ和阶段Ⅲ由于 CO_2 的特殊性质使得密度变化具有不同特征,其分界点可用超临界等容点表征。超临界状态下 CO_2 具有均一的物理性质,但其密度特征却随温度压力变化具有显著二相性,可定义为类液相和类气相,分别具有与气相和液相相同的物理性质,特别是密度,区分两者的界限为超临界等容线,该线超临界 CO_2 的密度与临界密度(0.468 cm³/g)相等。阶段Ⅱ中由于 CO_2 具有气相性质,密度随温度压力变化敏感而呈现较高的可压缩性,根据前文密度对气体吸附行为的控制作用,在温度不高的条件下仍然能造成超临界 CO_2 吸附量的增加,而随着密度逐渐接近临界密度,密度对吸附量增长的贡献减少,必然导致吸附能力出现拐点。

通过加入温度的超临界 D-R 吸附模型的计算可证实[图 5-12(b)],不同煤级煤的超临界 CO_2 吸附的理论最大吸附量均出现在阶段Ⅱ(类气态超临界阶

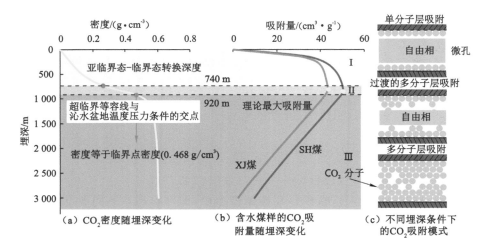

图 5-12　沁水盆地地层温压水条件下的 XJ 煤和 SH 煤 CO_2 吸附量随埋深变化

段),表明实际煤储层的温度压力条件下超临界等容线对超临界 CO_2 吸附具有明显的控制作用。越过阶段Ⅲ后,计算的超临界 CO_2 吸附量随埋深呈直线下降,表明这一阶段密度对吸附量增加已经无贡献,这也与密度变化曲线一致(阶段Ⅲ的超临界 CO_2 密度几乎无变化)。

综上讨论,实际埋深条件下 CO_2 理论最大吸附量出现在类气态阶段后半部分。不同密度变化会导致吸附分子层数的变化。亚临界阶段,自由相密度显著小于吸附相,自由相分子间距大,密度的增加不足以造成吸附相分子与自由相分子间距缩小到与吸附空间范围一致,因此,该阶段吸附量的增加主要表现在煤基质表面覆盖,并随着密度增大而逐渐形成完的单分子层吸附,即该阶段吸附过程可用 Langmuir 单分子层吸附模型表征。进入阶段Ⅱ超临界 CO_2 密度迅速增加的阶段,密度的增加使得吸附的分子逐渐铺满第一层并形成多层吸附[图 5-12(c)],这是由于该阶段自由相密度显著增加,并达到与吸附相密度同数量级的程度,自由相分子与吸附相分子间距变化范围在吸附空间范围内,因此导致更多的自由相分子进入吸附空间形成多分子层吸附,阶段Ⅱ后期至阶段Ⅲ,密度增加幅度减弱,同时温度造成的吸附相分子间距增大趋势更为明显,自由相分子进入吸附空间的阻力增加,甚至多层分子中外层分子由于分子间距的增加导致该类外层分子脱离吸附相,因此该阶段对应的埋深下存在最大的多分子吸附层,该埋深以深,多分子层开始剥离,吸附量减小。

基于上述分析和实验结果,在沁水盆地煤储层温度压力变化下,存在一个转换深度,使得超临界 CO_2 吸附存在最大值,该转换深度出现在 CO_2 密度增长衰减的后期,而类气态超临界 CO_2 阶段相对于亚临界 CO_2 吸附阶段而言密度的急剧增加造成超临界 CO_2 吸附行为从单分子层吸附向多分子层吸附转变,4.5 节对超临界 CO_2 吸附分子层的计算结果亦表明,在超临界温度下吸附相 CO_2 为多层分子覆盖。等温吸附曲线上可观察到低压和高压下不同增长趋势,低压下 CO_2 吸附量随密度增长迅速,这是由于煤基质表面为未饱和状态,提供的表面过剩能使得 CO_2 分子能够迅速与煤表面结合并逐渐饱和,而在高压阶段由于煤基质表面被饱和,部分具有高表面过剩能的高能吸附位能够继续提供二层或多层的吸附位,显然这种吸附位的数量不如第一层,因此虽然在高压下会发生多层吸附,但由于吸附位少,整体表现出的吸附量增加幅度有限。转换深度以下自由相密度对吸附量几乎无影响,从前文可知吸附量与温度的倒数成正相关关系[图 5-11(a)],因此高温对吸附量减少影响增加,这就必然导致在埋深不断增加的情况下吸附的多分子层向单分子层转换。

5.4　煤岩超临界 CO_2/CH_4 竞争吸附及其吸附差异机理

5.4.1　煤岩 CO_2/CH_4 竞争吸附

(1) 二元气体竞争吸附特征

为适应 CO_2/N_2 注入含气煤层强化煤层甲烷开采的工程应用,前人开展了大量多元气体混合吸附实验,不同煤级与不同混合气体组分、比例等实验结果均显示,随着煤级增高,总的吸附量增加,对于单组分来说,同一压力下,吸附量 CO_2 最高,N_2 最低(表 5-4)。正因为有这一吸附能力的差异,不能注入气体必然导致煤层甲烷的采收率不同,注入工艺也不同,CO_2 的高吸附能力成为置换煤层甲烷的理想气体。

表 5-4　不同煤级煤吸附不同浓度二元混合气体的
Langmuir 模型拟合结果(张庆玲,2007)

气体比例	长焰煤			焦煤			无烟煤		
	$V_{L,daf}$	$P_{L,daf}$	R	$V_{L,daf}$	$P_{L,daf}$	R	$V_{L,daf}$	$P_{L,daf}$	R
纯 CO_2	50.27	4.53	0.992 6	33.75	1.15	0.998 6	70.24	1.17	0.996 3
纯 CH_4	16.96	9.97	0.993 9	22.11	2.27	0.999 6	46.23	2.81	0.999 8
纯 N_2	36.41	74.35	0.417 5	17.75	7.16	0.999 4	34.55	9.88	0.999 3
$CH_4:CO_2=4:1$	19.54	5.23	0.997 1	26.94	2.26	0.999 5	54.31	2.62	0.999 6
$CH_4:CO_2=1:1$	26.82	4.92	0.997 6	26.96	1.72	0.998 0	53.61	2.10	0.999 1

表 5-4(续)

气体比例	长焰煤			焦煤			无烟煤		
	$V_{L,daf}$	$P_{L,daf}$	R	$V_{L,daf}$	$P_{L,daf}$	R	$V_{L,daf}$	$P_{L,daf}$	R
$CH_4 : CO_2 = 1 : 4$	38.22	4.59	0.992 6	28.69	1.18	0.999 2	57.24	1.25	0.998 4
$CH_4 : N_2 = 4 : 1$	10.48	5.79	0.991 4	18.72	1.96	0.998 5	45.39	3.41	0.999 1
$CH_4 : N_2 = 1 : 1$	15.79	12.79	0.972 3	20.82	3.32	0.999 9	39.95	3.90	0.999 8
$CH_4 : N_2 = 1 : 4$	19.05	22.49	0.893 2	19.31	4.84	0.999 8	36.31	6.22	0.999 9

前人关于 CH_4/N_2 二元气体竞争吸附实验的结果表明,在二元混合气体等温解吸过程中,吸附相中 CH_4 相对浓度比例随着压力降低而增加,而 N_2 相对浓度比例随压力降低而减小,只是变化幅度较小[图 5-13(a)]。煤中 CH_4 相对于 N_2 具有竞争吸附优势,因此在降压解吸过程中,N_2 的解吸速率更快,造成吸附相中 CH_4 相对浓度比例逐渐增加(唐书恒 等,2004)。此外,由于 N_2 在吸附相中分压较低,对气体解吸过程影响小,两种气体组分浓度变化不明显。

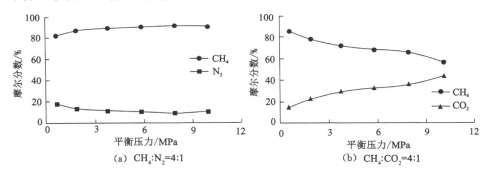

图 5-13 二元气体等温解吸实验中吸附气的浓度

前人关于 CH_4/CO_2 二元气体竞争吸附实验的结果表明,在二元混合气体等温解吸过程中,吸附相中 CH_4 相对浓度比例随着压力降低而降低,煤层中 CO_2 相对于 CH_4 更高的竞争吸附能力使得 CH_4 在解吸过程中具有更高的解吸速率,因此在吸附相中,CH_4 的相对浓度降低更快,而 CO_2 的相对浓度逐渐增加(唐书恒 等,2004)。与 CH_4/N_2 二元混合气体等温解吸实验对比可知,CH_4 和 CO_2 在解吸过程中相对浓度比例变化更为剧烈。

综上,在不同注气类型的煤层气强化开采工艺中,不同气体注入对提高煤层气采收率的激励作用是不同的。N_2 相对 CH_4 在煤层中无竞争吸附优势,通过注入 N_2 只能够降低 CH_4 的分压令其解吸,因此 N_2 的注入量相对要大,使 CH_4

分压降低到足以大量解吸的程度。而 CO_2 注入煤层中不仅有分压效应,还有更明显的竞争吸附作用,能够将 CH_4 从煤层中置换出来,因此少量的 CO_2 就能促进 CH_4 的解吸。相比较而言,CO_2 能够更高效地提高煤层气采收率。

(2) CO_2/CH_4 二元气体竞争吸附的影响因素

煤的镜质组含量和水分含量是控制 CO_2/CH_4 竞争吸附的关键影响因素 (Busch et al.,2006),CO_2 的优先吸附与煤大分子结构中的亲水官能团有关(羟基、羧基、羰基)。这些含氧基团在惰质组中大量存在,而在有水分子的情况下则优先与水分子结合,这是由于水分子极性更强,与这些含氧官能团结合释放更多的吸附热。Ryan 和 Lane (2002)认为 CO_2 能够以单层或多层覆盖的形式吸附在大孔中,而 CH_4 仅能填充在小孔中,惰质组能够提供更强的 CO_2-煤岩作用,因此在富惰质组煤中,CO_2 具有更强的吸附能力。虽然惰质组含量与 CO_2 竞争吸附能力成正比,但是不同煤级惰质组含量、水分含量等差异明显。另一方面需要指出的是,虽然水分含量不利于 CO_2 的优先吸附,但 CO_2 相比于 CH_4 具有更大的溶解度,因此反而在水分含量多的低阶煤中,CO_2/CH_4 吸附比更大(图 5-14)。

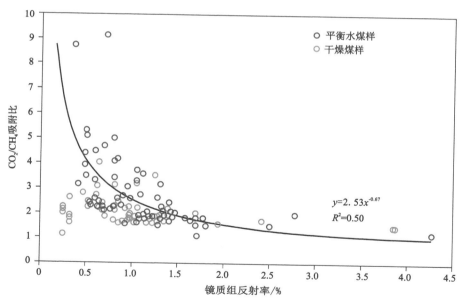

图 5-14 不同煤级 CO_2/CH_4 竞争吸附比(Busch et al.,2011)

压力对 CO_2 和 CH_4 吸附的影响是多方面的:一方面,不同气体达到气体饱和的临界压力不同;另一方面,煤基质膨胀与压力成正相关关系,压力的增大必然导致部分孔吼闭合，使得气体不再能够进入部分孔隙。部分学者发现在低压条件下，CH_4 的吸附能力大于 CO_2（Busch et al.，2006），高压条件下未出现 CH_4 的竞争吸附可能是由于 CH_4 已经达到饱和限制了 CH_4 进入煤结构，而 CO_2 随着压力的增加有着更高的溶解度从而进入煤基质内部（Larsen，2004）。

（3）CO_2/CH_4 二元气体竞争吸附机理

前人关于煤岩的 CO_2/CH_4 竞争吸附的研究结果表明，造成不同气体竞争吸附的原因主要为两个方面：一是不同气体与煤岩的相互作用强弱，相较于 CH_4 分子，CO_2 分子具有更强的极性，能够优先与煤中极性的官能团结合（Cui et al.，2004；Zhang et al.，2015）；二是气体性质的差异，如二者沸点温度和临界温度相差较大，且 CO_2/CH_4 的分子动力学直径存在差异造成可进入微孔范围不同（Milewska-duda et al.，2000；Harpalani et al.，2006；Sakurovs et al.，2010）。根据前文对超临界 CO_2 吸附机理的分析，气体性质对吸附的影响主要体现在气体密度与吸附相密度之比。不同超临界气体相对密度的差异使得在同一吸附空间能容纳的分子数不同，所以相同吸附空间内能容纳更多的超临界 CO_2 分子，这直接导致了超临界 CO_2 吸附量大于超临界 CH_4 吸附量。此外，后文论述的不同温度压力下吸附相分子层数与自由相密度（吸附相密度）之比，通过外推得到相同比值下存在近乎相等的吸附分子层数之差，表明不同温度和压力下，煤岩与气体分子之间的相互作用存在强弱之别，这种煤-气相互作用不受温度和压力的影响，而温度压力能从气体分子性质上影响 CO_2/CH_4 之间的竞争吸附过程。

5.4.2 超临界 CO_2/CH_4 吸附差异的气体性质控制机理

根据吸附势理论，煤中孔隙表面的被吸附的气体因受吸附势作用，密度呈高度凝聚状态，而随着与孔隙表面距离的增加，吸附势逐渐减弱，必然导致吸附相密度减小，直到与孔隙中心的自由相密度相等为止。基于这一认识，自由相密度越接近吸附相密度，吸附相分子越多，图 5-15（a）直观地解释了这一现象。自由相与吸附相密度的比值可以反映吸附能力的强弱，同时对于不同气体而言，该比值使得不同气体能够进行统一比较，进而反映不同气体在温度压力下由于密度变化差异导致的吸附能力的差异。因此，为了更好地比较煤岩吸附过程中超临界 CO_2 和 CH_4 密度变化的差异，本次采用自由相密度与吸附相密度的比值，假设 CO_2 吸附相密度为 1 cm³/g，CH_4 吸附相密度为 0.42 cm³/g，该值能统一表征相同条件下自由相密度对吸附作用的影响。

据此利用 NIST REFPROP 软件计算了实验温度下的超临界 CO_2 与 CH_4 在 0～50 MPa 间的气体密度[图 5-15（b）]。从图中可以看出，超临界 CH_4 在计算压力范围内呈近线性增加，且随温度的增加线性关系越明显；反观超临界 CO_2

的密度变化均呈现明显的非线性关系,但能识别出温度增加后具有向线性关系转变的趋势。需要注意的是,这种非线性关系最明显的压力区间为 $10\sim20$ MPa,恰好为本次研究的深部煤层对应的压力范围。此外,这两种气体的另一显著差异是超临界 CO_2 的密度比在高压下明显高于超临界 CH_4 的密度比,二者的密度比差异在 CO_2 进入超临界状态后急剧增加,并始终保持高的密度比,这一结果表明相比于超临界 CH_4,超临界 CO_2 的自由相密度更接近其吸附相密度,必然导致相同条件下超临界 CO_2 的吸附量大于超临界 CH_4 的吸附量。

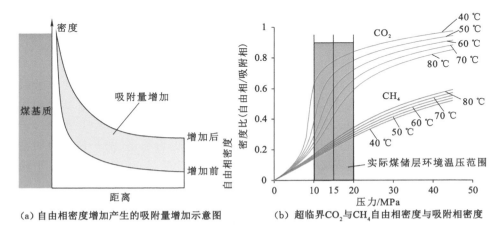

(a) 自由相密度增加产生的吸附量增加示意图　　(b) 超临界 CO_2 与 CH_4 自由相密度与吸附相密度

图 5-15　超临界 CO_2 和 CH_4 吸附差异的气体性质控制机理

为了清楚地解释深部煤层条件下由于超临界气体性质差异造成的超临界 CO_2/CH_4 吸附行为的差异,本次研究进一步选取了 $1\,000\sim2\,000$ m 煤储层中代表性压力 10 MPa、15 MPa 和 20 MPa,与温度匹配可反映该埋深范围内的储层温压环境,同时依据方程(4-3)计算 SH 煤样深部煤层温度压力范围内的超临界 CO_2/CH_4 吸附分子层数,不同温度压力下各吸附分子层数见表 5-5。

表 5-5　深部煤储层温度压力条件下 SH 煤样超临界
CO_2/CH_4 平均吸附分子层

气体	压力/MPa	温度/K				
		313.15	323.15	333.15	343.15	353.15
CO_2	10	1.44	1.30	1.19	1.06	0.98
	15	1.46	1.37	1.31	1.19	1.12
	20	1.46	1.37	1.33	1.21	1.16

表 5-5(续)

气体	压力/MPa	温度/K				
		313.15	323.15	333.15	343.15	353.15
CH_4	10	0.50	0.47	0.40	0.34	0.50
	15	0.62	0.57	0.48	0.40	0.62
	20	0.79	0.72	0.66	0.56	0.47

注:需要指出的是,随着密度的增加,k 值对最大吸附量无影响但对计算的高压吸附量的正确性影响较大(Sakurovs et al.,2009),因此在计算高压 CO_2 绝对吸附量时将 k 值定为 0,另外由于没有线性推导的 CH_4 的吸附相密度,为比较相同条件下高压 CO_2/CH_4 吸附差异,CO_2 和 CH_4 吸附相密度分别取定值 1 g/cm^3 和 0.42 g/cm^3。

计算结果显示,在深部煤储层温度压力范围内,吸附相内 CO_2 平均分子层均大于1(除了 353.15 K,10 MPa 的数据),而 CH_4 平均分子层均小于1,表明深部煤储层范围内超临界 CO_2/CH_4 吸附具有显著的差异。吸附相 CO_2 平均分子层随温度增高而降低的趋势比压力增加造成的增长更为明显(图 5-10),表明在储层条件下,温度对超临界 CO_2 吸附的控制作用更为明显;而吸附相 CH_4 平均分子层随温度降低趋势明显小于 CO_2 平均分子层,压力造成的增加趋势则大于 CO_2 平均分子层(表 5-5),反映出在储层条件下,超临界 CH_4 吸附作用对温度和压力变化都较为敏感。为比较不同温度压力下自由相密度对超临界 CO_2/CH_4 吸附的影响,取自由相密度与吸附相密度的密度比作为统一评价指标。超临界 CO_2/CH_4 吸附相平均分子层与密度比均呈现一致的变化趋势,随温度增加而减小,压力越大温度对密度比影响减小,且 CH_4 的密度比显著小于 CO_2(图 5-16),这也是 CO_2/CH_4 吸附差异的主要原因之一。需要指出的是,超临界 CO_2 单分子层吸附对应的自由相密度为 0.2 g/cm^3,在过剩吸附曲线上刚好对应最大值,密度进一步增加,超临界 CO_2 由单分子层向多分子层吸附过渡,因此有理由认为过剩吸附曲线最大值意味着该煤样达到最大单分子层吸附量(Harpalani et al.,2006)。

由于 CH_4 的临界温度低,储层温度下的超临界 CH_4 密度比变化小,且整体保持在较小值,表明自由相 CH_4 分子间距不易减小,难以进入吸附势作用范围内,因此超临界 CH_4 在深部煤层中平均分子层数增加有限,吸附的 CH_4 均保持单分子层状态。反观 CO_2,深部煤储层温度范围离临界温度较近,自由相 CO_2 密度的剧烈变化导致密度比变化较大,因此吸附相内 CO_2 分子层数变化明显。另一方面,由于 CO_2 具有更高的密度比,自由相中 CO_2 分子间距更接近于吸附相内 CO_2 分子间距,更容易进入吸附势作用范围,因此在煤储层中呈多分子层

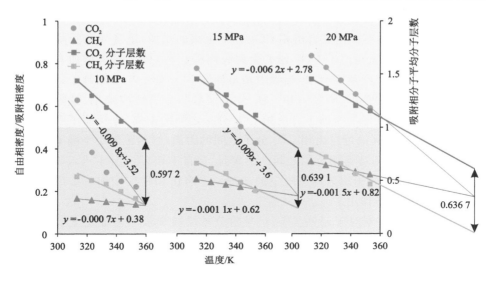

图 5-16　不同压力条件下平均 CO_2/CH_4 吸附相分子
层数随温度变化和自由相密度/吸附相密度的关系

吸附,密度比越高,吸附的分子层数越多。上述结论揭示了由于自由相与吸附相密度比的显著差异导致超临界 CO_2/CH_4 在煤孔隙中表现出不同的吸附行为,在煤储层条件下超临界 CO_2 以多分子层吸附为主,多层吸附向单层吸附转换的密度比在 0.2 左右,而超临界 CH_4 以单分子层吸附为主。这一吸附机理的差异必然导致相同条件下 CO_2 的吸附能力大于 CH_4,因此超临界 CO_2 与 CH_4 在流体性质上的差异(密度随温度压力变化的差异)可以为高压 CO_2/CH_4 竞争吸附提供合理的解释。值得注意的是,将图中超临界 CO_2 和 CH_4 自由相密度与吸附相密度之比通过外推相等时,吸附的 CO_2 和 CH_4 分子层数仍然存在差异,且分子层数差异近似相等,表明煤岩与不同气体的相互作用差异亦能够导致吸附量上的差异。综上,可以得到造成不同超临界气体竞争吸附的两种控制机理:一是气体性质差异;二是煤与气体相互作用的强弱。

5.5　小结

本章以超临界 CO_2 吸附实验结果与吸附分子层计算结果为基础,从 CO_2 分子角度上分析了温度和自由相密度对超临界 CO_2 吸附行为的控制作用;以微孔填充理论为基础,建立了不同孔径内超临界 CO_2 的吸附模式;分析了自由相密度控制下的 CH_4/CO_2 竞争吸附机理;最后模拟不同埋深条件下超临界 CO_2 吸附能力,提

出在埋深条件下 CO_2 超临界等容线对吸附作用的影响,得出如下结论:

（1）温度升高不仅造成自由相 CO_2 分子距离的增加,也会导致吸附相 CO_2 分子距离的增加,只是由于 CO_2 分子受到吸附势约束,分子距离增加有限。由于煤孔壁表面的吸附范围有限,当吸附相最外侧 CO_2 分子与内侧分子距离增大到脱离吸附势作用范围,则吸附相 CO_2 分子层数与分子数均减小,吸附量必然降低。自由相密度增加压缩了自由相 CO_2 分子之间的距离,也压缩了吸附相最外侧 CO_2 分子与其最近自由相 CO_2 分子之间的距离,当该距离小于吸附相最外侧 CO_2 分子与吸附势作用范围之间的距离时,该自由相 CO_2 分子进入吸附势作用范围,造成吸附分子层数和吸附量的增加。而自由相密度增加无法影响吸附相内部之间的分子作用。

（2）通过前一章对于超临界 CO_2 吸附分子层数和最大可被完全填充微孔孔径的计算可知,超临界 CO_2 在不同孔径孔隙内吸附行为的表现方式是不同的,最大可被完全填充孔径以内孔隙,超临界 CO_2 为体积填充式吸附,而在于该孔径的孔隙,CO_2 分子会随着温度和压力变化转化多分子层表面覆盖或单分子层表面覆盖式吸附,据此建立了煤中不同状态下的超临界 CO_2 为微孔填充＋多分子层/单分子层表面覆盖的综合吸附模式。

（3）同一煤样,CO_2/CH_4 存在竞争吸附,竞争吸附作用受温度、压力、煤岩类型、气体类型等多方面因素的影响。造成竞争吸附的原因除了煤岩与不同气体之间相互作用强弱存在差异外,气体性质差异也是导致出现竞争吸附的重要原因。本次研究利用自由相密度与吸附相密度比作为研究参数,认为自由相密度相对于吸附相密度增减的幅度也会导致不同气体间竞争吸附的存在;超临界 CO_2 具有更高的临界条件,在埋深条件下,密度比值更大,导致更多的 CO_2 进入吸附相,因此,在相同温度压力条件下,超临界 CO_2 比 CH_4 具有更高的吸附能力。

（4）模拟不同埋深条件下超临界 CO_2 等温吸附实验结果表明,不同温度的超临界 CO_2 吸附过程中存在一个临界埋深,该埋深上下超临界 CO_2 吸附行为不同。埋深条件下 CO_2 密度随温度压力变化敏感,CO_2 从气态转变为超临界态,密度在临界点对应的温度附近变化极大,这必然导致该深度范围内 CO_2 吸附行为的变化。超临界 CO_2 存在两种不同性质的状态使得超临界 CO_2 分别呈现类气态和类液态的性质,区分这两种状态的分界线为超临界等容线。不同性质必然导致自由相密度变化不同,类气态具有较高压缩性,该范围内超临界 CO_2 吸附量会增加,而在类液态区,由于分子间可压缩性几乎消失,导致在埋深增大的温度压力协同增加的情况下,温度对吸附作用的负效应逐渐占主导,因此造成了超临界 CO_2 吸附过程具有二段性特征。

6　煤中非吸附的 CO_2 封存机制与封存量比较

　　从煤层气开发工程的角度来说,煤层一般具有发育天然裂隙、低储层压力、水饱和的特征,煤层气主要以吸附的形式赋存于煤岩的微孔中,吸附量占总含气量的 95%～98%(White,2005)。 CO_2 与煤岩的相互作用强于 CH_4 ,因此相同埋深条件下煤中 CO_2 的吸附量占比更大。然而随着埋深下温度和压力的增加,特别是越过煤层最大气体吸附量对应的深度后,吸附能力迅速下降,而由于超临界 CO_2 具有高压缩性的气体性质,造成游离 CO_2 封存量在埋深增加的条件下显著增加,因此相对于浅部煤层吸附封存的绝对主导地位,深部煤层 CO_2 封存量应综合考虑多种封存机制(Saghafi et al.,2007)。根据前一章对不同埋深下绝对吸附量与自由气体量的计算和比较同样可得,在深部煤层条件下(>1 000 m),自由相含量从总封存量的 10% 升高到 20% 左右,这一结果进一步证实对于深部煤层,其他 CO_2 封存机制所占的封存量不能忽略。

　　早前针对浅部(<1 000 m)的煤层气开发重点关注吸附气含量,忽视了气体在煤岩中的其他赋存形式:一方面是由于其他赋存形式气体含量极少;另一方面是水溶、游离等气体赋存机理相对简单,其评价方法具有普遍的适用性(Bachu et al.,2003)。而深部煤层的 CO_2 地质存储过程中超临界 CO_2 的运移封存过程复杂,不仅会引起煤岩物理化学性质的变化,其自身的气体性质要求在评价不同封存类型时需考虑可能的相态变化。总的来说,煤中 CO_2 的封存类型包括吸附封存、静态封存(受构造地层或水动力约束,以游离态保存于煤中孔裂隙的封存类型)、溶解封存和矿化封存(图 6-1)。其中吸附封存是利用煤岩表面对 CO_2 的吸附效应固定 CO_2 ,这也是煤层区别于其他地质封存方法的主要封存形式。同时煤层孔隙中还含有水、未被水饱和的空孔隙以及煤中矿物(如黄铁矿、方解石和黏土矿物等),这就导致了 CO_2 在注入煤层后必然会存在其他的封存形式,如孔隙水的溶解、空孔隙的游离的 CO_2 残留以及在 CO_2 溶解于水中后含 CO_2 的酸性溶液与矿物发生地球化学反应等。本章从 CO_2 溶解封存、矿化封存和静态封存入手,论述了非吸附封存机制与计算模型,比较了不同埋深条件各封存量占比,提出了适用于深部煤层 CO_2 静态封存量和吸附封存量的优化计算方法。

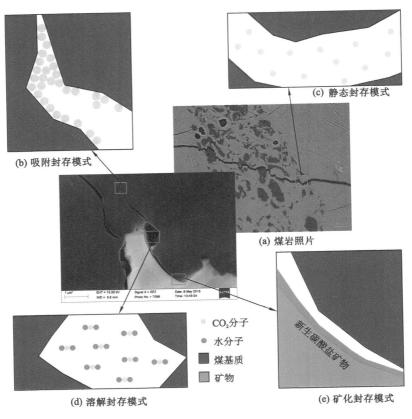

(b) 吸附封存模式

(c) 静态封存模式

(a) 煤岩照片

CO_2 分子
水分子
煤基质
矿物

新生碳酸盐矿物

(d) 溶解封存模式

(e) 矿化封存模式

图 6-1　原位煤层中 CO_2 地质封存类型模式图

6.1　CO_2 溶解封存机制与模型

6.1.1　CO_2 溶解作用的影响因素

由于煤层中普遍含水,特别是深部为开采煤层中,煤层的孔裂隙中存在不同含量的自由水和束缚水,在 CO_2 注入煤层后,除了与煤层发生吸附作用外,通过与水分的结合形成含 CO_2 溶液形成溶解封存,随后这种含 CO_2 溶液与煤中矿物发生化学反应形成矿化封存,因此煤中 CO_2 的溶解作用可以认为是沟通即时封存与二次封存的桥梁,虽然前人对煤中 CH_4/CO_2 溶解量的初步计算表明,溶解量占煤岩中总含气量的比例可以忽略(申建 等,2015;Zhao et al.,2016),但作为封存机制对 CO_2 的安全长期封存具有重要作用。

（1）课题组已开展的纯水的 CO_2 溶解实验

课题组利用自主研发的"CO_2 注入与煤层气强化开采的地球化学效应模块"进行溶解平衡实验,采用真实气体状方程与化学滴定法计算 CO_2 在不同温度压力下的溶解度。实验模拟了沁水盆地深部煤层（1 000～2 000 m）温度压力条件下 CO_2 在纯水中的溶解过程,计算了不同埋深下对应的 CO_2 溶解度,并与3 种常用的溶解度计算模型结果进行了比较（实验方法与结果详见欧阳雄,2017）,比较结果见图 6-2。总的来看,Duan 模型得到的溶解度与实验结果偏差最小,不同模型计算结果显示,1 200～1 400 m 埋深下 CO_2 溶解度与实验值偏差最小,且在 1 700 m 以深偏差呈现不断增加的趋势,暗示在高温高压下各 CO_2 溶解度计算模型均有不同程度的误差,但 Duan 模型计算的平均误差在 3% 左右,据此在本次研究针对煤中 CO_2 溶解度采用 Duan 溶解度计算模型。

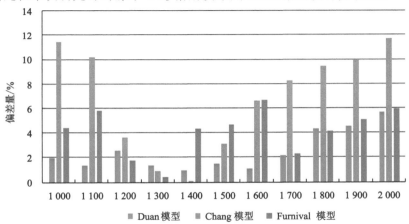

图 6-2　溶解度实验值与模型计算值的偏差分析（原始数据见欧阳雄,2017）

（2）CO_2 溶解度影响因素

煤层中 CO_2 在孔隙水中的溶解作用主要受温度、压力和矿化度的影响,前人开展了大量不同温度压力和矿化度条件下的 CO_2 溶解实验,实验涉及温度压力范围广,且完全覆盖了深部煤层所呈现的温度压力范围。此外由于前人 CO_2 溶解实验结果基本一致,因此本次研究未开展重复的相关影响因素对 CO_2 溶解度的影响实验,通过引用前人的实验及模型计算结果分析不同影响因素对 CO_2 溶解度的影响,并论述其在深部煤层条件下的适用性。

温度对 CO_2 溶解度的影响受压力变化控制。总的来看,在低温条件下,不同压力的溶解度曲线均随温度升高而降低,而在高温条件不同压力下溶解度曲线出现极大差异。低压条件下,如 5 MPa 时,溶解度随温度升高而降低,低温下降的幅度远高于高温;而随着压力的增加溶解度会出现反向抛物线的特征,即在高温条件下溶解度随温度升高而增加,如 100 MPa 的溶解度曲线[图 6-3(a)]。这一结果表明温度对 CO_2 溶解度的控制作用复杂,而在深部煤层对应的温度压力条件(10～20 MPa,45～80 ℃)下,溶解度均随温度升高而降低,而 CO_2 溶解度在不同矿化度的含水溶中呈一致的降低趋势,只是随着矿化度增加,溶解度减小导致随温度降低趋势也减小[图 6-3(b)],在 4 molNaCl 溶液中 20 MPa 的 CO_2 的溶解度随温度变化几乎无变化(Duan 和 Sun,2003)。因此温度对 CO_2 溶解度的抑制作用在低矿化度和低压力下较为明显。以沁水盆地南部煤层产出水为例,其矿化度在 690～2 150 mg/L(卫明明和琚宜文,2015),根据 Duan 模型的计算结果,煤层埋深 1 000 m 到 2 000 m 对应的温度变化内,溶解度减小量约为 0.4 mol/kg。

压力对 CO_2 溶解度的控制作用不受温度和矿化度影响,总体上随压力的增加而增加,但不同压力范围内的增加幅度不同,低压下溶解度随压力增加迅速增加,在进入超临界状态后压力增加对溶解度的增幅贡献有限[图 6-4(a)],如纯水中 1～5 MPa 内溶解度增加了 1 mol/kg,而溶解度达到 2 mol/kg 时,压力大约在 120 MPa。同样将压力范围聚焦到深部煤储层对应的压力范围,不同矿化度的 CO_2 溶解度呈现类似等温吸附曲线的特征,低压条件下快速增加,进入超临界状态受溶解度增速降低,这可能与超临界状态下的高密度有关。同样根据 Duan 模型的计算结果,煤层埋深 1 000 m 到 2 000 m 对应的压力变化内,溶解度增加量约为 0.2 mol/kg。

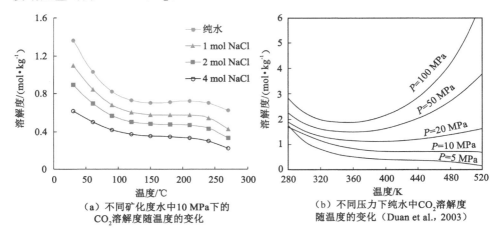

（a）不同矿化度水中10 MPa下的 CO_2 溶解度随温度的变化

（b）不同压力下纯水中 CO_2 溶解度随温度的变化（Duan et al., 2003）

图 6-3

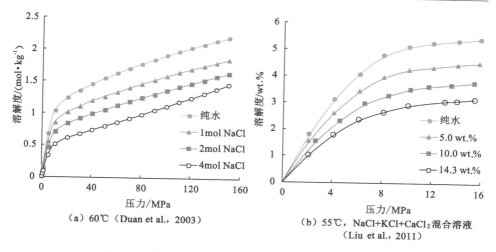

（a）60℃（Duan et al.，2003）

（b）55℃，$NaCl+KCl+CaCl_2$ 混合溶液
（Liu et al.，2011）

图 6-4 不同矿化度水中 CO_2 溶解度随压力的变化规律

给定温度和压力条件下 CO_2 溶解度随矿化度升高而降低（Liu et al.，2011；范泓澈 等，2011），这一现象可用盐析作用解释。当水中含有离子时，这些离子与部分水分子结合导致该部分水分子不可与 CO_2 结合，必然导致 CO_2 的溶解量降低，煤层水中常见的卤水离子，如 Na^+、K^+、Ca^{2+}、Mg^{2+}、Cl^- 和 SO_4^{2-} 等与水分子的结合作用强于 CO_2 与水分子间的相互作用，因此水中矿化度越高，CO_2 的溶解度越低。需要指出的是，煤层水中总的离子浓度低，相对于盐水层较高的离子浓度，在 CO_2 注入后不易发生盐析作用。此外不同离子类型对 CO_2 溶解度的负效应不同，Liu 等（2011）认为，主要碱性金属离子盐析效应遵从 $K^+ < Ca^{2+} < Na^+$ 的顺序，这是由离子半径与电荷数量不同造成的。

6.1.2 煤中 CO_2 溶解量计算模型

CO_2 在地层水中溶解封存是一个持续的时变的过程。CO_2 注入煤层后，可通过扩散（一个极其缓慢的过程）和对流过程逐渐与煤层中的地下水混合，并溶解于其中。煤层中的水通过对流和扩散逐渐达到 CO_2 饱和（Audigane et al.，2007；Bradshaw et al.，2007a）。CO_2 溶解度会随着压力增大而增大，但是随着温度和矿化度的增加而降低。当水中溶解了一些 CO_2 时，水的密度将增大，开始向下沉。这使 CO_2 变得更加分散，而且随着时间变化，CO_2 在水中的溶解会逐渐增多（Spycher et al.，2003）。Bachu 等（2003）提出了一种计算地层中 CO_2 溶解量的方法，该方法与美国能源局提出的观点一致，考虑到地层水中 CO_2 未必完全达到饱和状态，因此增加了一个有效储存因子 C 来校正时间因素对地层

CO_2 封存量的影响。煤中 CO_2 溶解量为：

$$m_{溶解} = C \iiint \varphi(\rho_S X_S^{CO_2} - \rho_0 X_0^{CO_2}) dx dy dz \tag{6-1}$$

其中，φ 为孔隙度；ρ_w 为地下水密度；X^{CO_2} 为溶解于储层水中的 CO_2 含量（质量分数），下标 0 和 S 分别为储层水中的初始 CO_2 含量和饱和 CO_2 含量；$dx dy dz$ 是对单位体积煤层长宽高的积分，在计算时为了方便起见，将煤层作为均质考虑，可使用煤层厚度、孔隙、面积等平均值；C 为有效储存因子，可认为是与溶解相关的时间因子。

为准确应用上述公式计算含水地层地层中 CO_2 溶解量，需首先计算不同温度和压力条件下的 CO_2 溶解度。CO_2 溶解度由水溶液中液相 CO_2 与气相 CO_2 间化学势的平衡决定，当两者的化学势相等时可认为 CO_2 在水溶液中达到了溶解平衡，据此，Duan 和 Sun（2003）提出了如下的基于化学势平衡的溶解度计算模型：

$$\ln \frac{y_{CO_2} P}{m_{CO_2}} = \frac{u_{CO_2}^{l(0)}(T, P) - u_{CO_2}^{v(0)}(T)}{RT} - \ln \varphi_{CO_2}(T, P, y) + \ln \gamma_{CO_2}(T, P, m)$$

$$\tag{6-2}$$

其中，y_{CO_2} 为气相中 CO_2 摩尔分数；m_{CO_2} 为 CO_2 在溶液中的溶解度；T 为体系温度；P 为气相压力；$u_{CO_2}^{l(0)}$ 和 $u_{CO_2}^{v(0)}$ 为给定温度和压力下的液相和气相中 CO_2 标准化学势；$\varphi_{CO_2}(T, P, y)$ 为气相中 CO_2 摩尔分数为 y 时的逸度系数；$\gamma_{CO_2}(T, P, m)$ 为液相中 CO_2 溶解为 m 时的活度系数。各参数详细计算方法见 Duan 和 Sun（2003）。

6.2 CO_2 矿化封存机制与模型

6.2.1 CO_2 矿化反应类型

煤中无机矿物主要有碳酸盐矿物（方解石、白云石）、铝硅酸盐矿物（长石，云母和黏土矿物）、硫化物（黄铁矿）和石英。CO_2 在注入煤层之后溶解并与煤层水结合形成酸性溶液，随着该酸性溶液在煤层中扩散与运移煤中元素和矿物在酸性溶液运移路径上发生迁移、溶解甚至有新矿物生成（杜艺，2018）。由于煤中矿物类型与正常沉积岩的主要矿物类似，煤中 CO_2 的矿化反应与目前广泛开展的含水层中注 CO_2 发生的地球化学反应相同，因此借鉴前人对深部含水层中 CO_2 注入后的水-岩相互作用的研究可以补充目前煤中矿物与 CO_2 地球化学反应研究相对较少的缺陷（Rosenbauer et al.，2005）。随着 CO_2 溶解量的增加和存储时间的延长,在流体运移路径上 CO_2 与矿物会发生化学反应,不仅有新矿物的生成,还有原生矿物的溶解,而一旦新矿物生成,与之反应的 CO_2 能够持久稳定地保存在煤层中,是目前普遍认为的最安全和持久的 CO_2 地质封存方式(Gunter et al.,1997;许志刚 等,2009)。矿化反应伴随着 CO_2 在煤层水中的溶解发生,但与溶解封存不同的是,矿化封存除了受储层温度、压力、时间的影响,还受矿物类型的控制,不同矿物与含 CO_2 酸性溶液发生的矿化反应不同。

矿物-H_2O-CO_2 的地球化学反应主要有三种类型:原生矿物的溶解、铝硅酸盐矿物的转化和新矿物的生成。课题组前期开展的模拟不同埋深条件下煤岩-CO_2-H_2O 反应后各矿物的变化显示(表 6-1),矿物总量随着埋深增加而降低,黏土矿物、石英含量在不同样品中呈现有增有减的结果,长石族、碳酸盐矿物、黄铁矿含量均随埋深增加而减小,金红石、铝土矿含量随埋深增加而增加。因此 CO_2 的矿化反应是溶解、转化和新生成等多反应同时进行的过程。对于新矿物而言,由于发生了化学反应,矿物表面形貌甚至晶体结构的变化,如方解石会出现明显溶蚀孔洞,钾长石结晶度指数减小(图 6-5)。

表 6-1 沁水盆地中高阶煤经模拟不同埋深温压条件 CO_2 反应
后的矿物含量对比(杜艺,2018)

煤样	高岭石	伊利石	绿泥石	长石	方解石	白云石	石英	金红石	氧化铝	磷灰石
XJ	72.49	2.65		12.18	4.07		8.61			
1 000 m	74.49	2.66		11.66	2.62		8.57			
1 500 m	74.25	2.76		12.04	2.03		8.92			
2 000 m	74.8	2.78		11.83	1.72		8.87			
YW	11.33	47.10		7.74	5.52	4.15	6.17	3.68		14.31
1 000 m	12.33	48.40		7.94	3.95	3.98	6.58	3.71		13.11
1 500 m	12.33	48.29		7.49	3.87	4.06	7.00	3.9		13.06
2 000 m	12.11	48.6		7.45	3.88	4.02	6.85	3.9		13.19
BF	35.39	34.19	4.02	8.38	4.12		7.71	2.20	3.99	
1 000 m	36.02	34.10	3.73	8.24	2.85		7.84	2.38	4.84	
1 500 m	36.60	34.56	3.60	8.02	2.28		7.88	2.35	4.71	
2 000 m	36.87	35.09	3.39	7.72	1.59		7.91	2.41	5.02	
SH	14.73	52.35		7.42	12.27	1.55	11.68			
1 000 m	15.43	57.06		8.37	5.19	1.50	12.45			
1 500 m	15.62	58.88		7.84	3.13	1.46	13.07			

表 6-1(续)

煤样	高岭石	伊利石	绿泥石	长石	方解石	白云石	石英	金红石	氧化铝	磷灰石
2 000 m	15.72	59.16		7.87	2.49	1.39	13.37			
XY	73.27	5.42		8.00	2.61	4.23	6.47			
1 000 m	75.12	5.25		7.82	1.66	4.09	6.06			
1 500 m	74.94	5.22		7.66	1.57	3.89	6.72			
2 000 m	75.78	5.17		7.43	1.47	3.86	6.29			

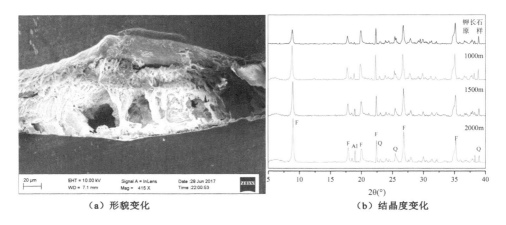

（a）形貌变化　　　　　　　　　　（b）结晶度变化

图 6-5　典型的煤中矿物与含 CO_2 酸性溶液相互作用后的特征

而 CO_2 矿化反应的基础是 CO_2 溶解于煤层水中形成酸性溶液，其化学方程式为：

$$CO_2 + H_2O \rightleftharpoons H_2CO_3 \rightleftharpoons H^+ + HCO_3^- \rightleftharpoons 2H^+ + CO_3^{2-} \quad (6-3)$$

（1）原生矿物溶解

碳酸盐矿物最容易发生溶解，煤中主要碳酸盐矿物为方解石，多属于后生成因，填充于煤中裂隙中呈脉状，其与酸性溶液反应的化学方程式见式（6-4）。方解石和白云石在含 CO_2 酸性溶液中发生溶蚀，形成矿物溶蚀孔。此外，煤中其他矿物如黄铁矿、长石和黏土矿物等虽然溶解能力显著小于碳酸盐矿物，但不少学者发现与 CO_2-H_2O 体系反应后会出现溶蚀或结构破坏等现象（Lu et al.，2013；倪小明 等，2014；郭慧 等，2016）。其少量溶解生成的阳离子如 Fe^{2+}、Ca^{2+}、Mg^{2+}、K^+ 和 Al^{3+} 等能够为其他矿物转化和新矿物生成提供物质基础。

$$CaCO_3 + H^+ \rightleftharpoons Ca^{2+} + HCO_3^- \quad (6-4)$$

（2）铝硅酸盐矿物转化

　　煤中铝硅酸盐矿物主要有长石、黏土矿物和少量云母。长石族矿物的转化与溶液的 pH 值和阳离子类型密切相关,如弱酸环境下,钠长石发生溶解析出硅酸和 Na^+ 形成高岭石[式(6-5)]。在富 K^+、富 Ca^{2+} 和富 Fe^{2+}、Mg^{2+} 的溶液中反应分别能形成伊利石、蒙脱石和绿泥石。伊蒙混层与 CO_2-H_2O 体系反应的实验结果表明伊蒙混层定向程度逐渐提高并在与钾长石作用下逐渐形成伊利石(Credoz et al.,2011)。煤中孔裂隙内原生或后生的绿泥石等含铁、镁黏土矿物与方解石或白云石在含 CO_2 溶液中发生反应可生成难容的铁白云石[式(6-6)],从而起到 CO_2 固定的作用(Watson et al.,2004)。

$$2NaAlSi_3O_8 + 2H^+ + H_2O = Al_2Si_2O_5(OH)_2 + 4SiO_2 + 2Na^+ \quad (6-5)$$
$$[Fe/Mg]_5AlSiO(OH)_8 + 5CaCO_3 + 5CO_2 = 5Ca[Fe/Mg](CO_3)_2 +$$
$$Al_2Si_2O_5(OH)_4 + SiO_2 + 2H_2O \quad (6-6)$$

（3）自生矿物沉淀

　　随着地层溶液中阳离子浓度的升高与 CO_2-H_2O 反应后生成的碳酸根离子浓度的增加,Mg^{2+} 和 Fe^{2+} 与 CO_3^{2-} 结合形成难溶的碳酸盐岩如菱铁矿和铁白云石,从而实现 CO_2 的长久封存[式(6-7)]。例如长石、黏土矿物等富钠铝硅酸盐矿物在发生溶解后在高 CO_2 分压条件下能够形成 CO_2 地质储存的主要圈闭矿物-片钠铝石[式(6-8),曲希玉 等,2008],在地层温度 100 ℃以下,片钠铝石是稳定存在的。有趣的是,虽然方解石和白云石在含 CO_2 酸性溶液中会发生溶解,但随着温度压力的增加,不仅其溶解能力快速衰减,甚至会出现碳酸盐矿物的倒退溶解过程,形成新的碳酸盐岩沉淀(黄思静 等,2010)。课题组之前的研究显示,仅 YW 煤样模拟 2 000 m 条件下的煤-CO_2 地球化学反应后方解石含量较少,不明显,白云岩未出现减少(表 6-1),其余煤岩未出现该倒退溶解现象的原因可能是反应时间较短。从长远来看(地质尺度),对于深部地层相对独立的环境来说,过饱和的 CO_2 溶液与碳酸盐矿物的反应能够起到 CO_2 矿化固定的作用。

$$Mg^{2+}/Fe^{2+} + CO_3^{2-} = [Mg/Fe]CO_3 \quad (6-7)$$
$$Al_2Si_2O_5(OH)_4 + 2CO_2 + H_2O + 2Na^+ = 2NaAlCO_3(OH)_2 + 2SiO_2 + 2H^+$$
$$(6-8)$$

6.2.2　CO_2 矿化作用对煤储层的改造作用

　　CO_2 注入煤层后与煤中矿物发生地球化学反应会导致矿物发生结构和含量的变化,而矿物反应后无论是消耗还是发生转化,均有可能会发生特定的固碳化学反应,对 CO_2 形成矿物圈闭。由于矿物往往填充于煤中微裂隙和孔隙中,矿化含量与形态的变化会造成煤表面特征的变化,如煤微孔或狭窄孔吭被新生矿物阻塞,对煤岩 CO_2 吸附能力影响明显,此外裂隙型矿物的溶蚀对改善煤层渗透性具有积极响应。因此从矿化反应对煤储层结构改造的角度,CO_2 注入煤层后发生的矿化反应主要具有两种形式:一是 CO_2 参与的新矿物的生成;二是矿物在酸性的 CO_2 溶液中的溶解。新矿物的生成往往发生在已有的孔裂隙中,造成孔裂隙阻塞,而原生矿物的溶解能产生新孔隙和扩展原生裂隙,因此二者对煤储层结构具有不同作用。

(1) 新矿物生成与 CO_2 固定

课题组开展的沁水盆地中高阶煤岩与超临界 CO_2 地球化学反应实验结果显示,由于煤中矿物含量相对较少,扫描电镜下能识别的新生矿物主要有方解石、黄铁矿和铝土矿,FIB-SEM 下仅找到新生且晶型完好的方解石和片状的石膏(图 6-6),新生矿物需占据煤中孔裂隙空间,造成煤储层物性的变化。XRD 的定量测定结果亦显示,除氧化铝和金红石含量有增加外,其余矿物经 CO_2 处理后含量变化无规律或含量明显减小(表 6-1),这些结果表明煤岩与超临界 CO_2 反应后总体矿物含量减少,新生矿物含量变化不明显,因此其对 CO_2 矿化固定作用也不明显。但由于煤中微细粒矿物含量较多,在 CO_2 溶液中更易发生反应,而这些纳米级矿物的生成虽然不易被监测到,但其存在位置对煤孔裂隙发育程度影响明显,特别是起吸附能力的微孔。

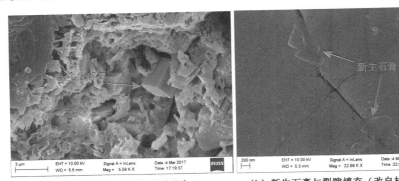

(a) 新生方解石与孔隙阻塞　　(b) 新生石膏与裂隙填充(改自杜艺,2018)

图 6-6　煤中矿物-CO_2-H_2O 相互作用后新生矿物及其与煤岩的关系

实验结果表明,除 SH 煤外,其余煤样在 CO_2 处理后总孔体积和孔比表面积均有不同程度的增大,且微孔孔体积占比减小,表明 CO_2-H_2O-矿物相互作用主要表现在原生矿物的溶解,其对 CO_2 矿化封存影响不大。然而 SH 煤微孔孔体积在不同温度压力下经过 CO_2 反应后出现了减小的趋势(图 6-7),特别是孔径为 0.5 nm 左右的微孔孔体积减小明显。XRD 结果表明 SH 煤中反应后伊利石和石英含量显著增加(表 6-1),据此可以推测煤中新生成的纳米级的黏土矿物和石英占据了部分微孔,使得总微孔含量随反应进行而逐渐减小。

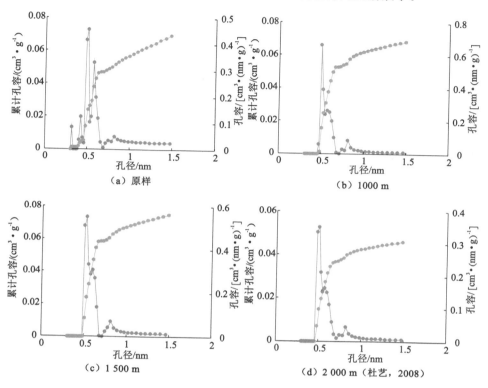

图 6-7　模拟不同埋深条件下的寺河煤样经过 CO_2 处理前后
低温 CO_2 所测的微孔分布特征

(2) 矿物溶解与渗透率改善

相较于新矿物的生成,碳酸盐矿物和少量硅酸盐矿物的溶解是 CO_2-煤岩地球化学反应中最显著的矿化反应。其中碳酸盐矿物在 CO_2 处理后溶解量最为明显,实验结果显示(表 6-1),不同煤样方解石含量减少了 30%~80%,且方解石原始含量越多,溶解量越多。煤中碳酸盐矿物多填充于微裂隙中,该矿物的溶蚀必然导致原有裂隙的扩大,如图 6-8(a)、(b),煤中裂隙内填充的矿物经 CO_2溶液处理后,含量明显减少,附着于裂隙壁上的矿物溶解扩大了裂隙开度并向裂隙两端延伸。此外亦有研究表明,由于矿物经 CO_2 反应后结构发生破坏,虽然没有明显的溶蚀,但晶体结构的不稳定造成局部力学性质的差异,从而形成新生裂隙[图 6-8(c)、(d)]。裂隙系统是煤储层内主要的渗流通道,因此微裂隙的扩大与新裂隙的生成对渗透率的提高具有积极作用。沁水盆地典型中高阶煤的气测渗透率结果表明,经 CO_2 溶液处理后,渗透率显著提高,埋深越大,渗透率改善越明显,其中余吾煤的渗透率提高了 115.1%(表 6-2)。然而渗透率改善也具有明显的非均一性,如寺河煤与余吾煤渗透率提高程度相差 20 倍,这与煤中矿物类型以及矿物在孔裂隙系统中的存在状态有关。此外新矿物的阻塞也会对渗透率产生负面影响。相较于渗透率,孔隙度变化不明显(表 6-2),这可能是由于不同孔隙经 CO_2 处理后的增减存在差异,另外元素迁移后的再次沉淀也可能造成其余位置孔隙度的降低。CO_2-H_2O-矿物的相互作用对孔隙发育,特别是对煤岩的比表面积具有不同程度的改变,如对微孔阻塞以及纳米级别矿物溶解后会生成残留孔,这些变化必然导致 CO_2 吸附能力的改变,从而影响 CO_2 的地质封存能力与稳定性,因此未来需进一步开展煤岩吸附能力变化的相关研究。

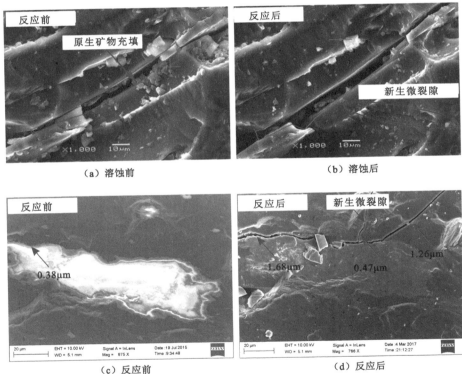

图 6-8　煤岩经 CO_2 处理后原生矿物溶蚀与裂隙扩展
(转引自桑树勋,2018)

表 6-2 模拟不同埋深条件下的煤样经 CO_2 处理前后孔隙度与渗透率变化

样品	核磁孔隙度/%			气测孔隙度/%			渗透率/mD		
	前	后	后/前	前	后	后/前	前	后	后/前
BF-1000	4.04	4.54	1.12	5.38	7.58	1.41	0.037	0.197	5.30
BF-2000	2.20	5.62	2.55	5.72	10.86	1.90	0.002	0.085	36.68
SH-1000	2.69	2.91	1.08	6.73	7.32	1.09	0.219	0.359	1.64
SH-2000	3.59	7.14	1.99	5.11	6.06	1.19	0.064	0.325	5.12
YW-1000	0.64	2.35	3.68	4.99	5.81	1.16	0.004	0.125	32.45
YW-2000	0.76	3.04	4.01	2.17	5.55	2.56	0.005	0.529	115.10
XJ-1000	2.98	3.57	1.20	6.72	6.78	1.01	0.015	0.039	2.51
XJ-2000	3.76	3.84	1.02	4.29	7.07	1.65	0.013	0.146	10.98

表 6-1 中方解石溶解量估算单位质量煤岩的 CO_2 矿化封存量结果表明，2 000 m条件下的 CO_2 矿化封存量小于 1 cm^3/g，显著小于 CO_2 吸附量与孔隙中 CO_2 游离量，但与实验获得的 CO_2 溶解量相差不大。因此煤中矿物-H_2O-CO_2 的地球反应对 CO_2 实质封存量的贡献很小，相对于吸附封存和静态封存（游离态）可以忽略，在评价煤层中的 CO_2 地质封存量时无须关注 CO_2 的矿化封存量，其地球化学效应主要体现在对储层物性的改善上，特别是填充于煤中裂隙的碳酸盐矿物和部分铝硅酸盐矿物的溶解能够极大提高煤层的渗透率和 CO_2 的可注性。这一储层改善效应对深部煤层 CO_2-ECBM 尤为重要，这是由于：① 煤层为致密储层，渗透率普遍偏低；② 煤层 CO_2 吸附作用引起的煤基质膨胀效应使得原始渗透率进一步减小。因此煤中矿物与 CO_2 的地球化学反应有利于 CO_2 注入，不仅能减小 CO_2 注入工程的成本，还能加快 CO_2 在煤层孔裂隙网络内的流动，加快 CO_2 封存过程。

6.2.3 煤中 CO_2 矿化量计算模型

大量 CO_2 注入储层中，会促进储层水-岩相互作用过程演化，改变储层流体化学平衡，并与铝硅酸盐矿物、碳酸盐矿物及黏土矿物（伊利石，蒙脱石）等的溶解沉淀形成新的稳定矿物，形成长期封存，是目前较为理想的 CO_2 地质存储类型。这种地球化学反应在很早的时候就会发生，与矿物发生反应是一个漫长的过程，可以长达上千年至几万年不等（Xu et al.，2005；Zhang et al.，2013）。Xu 等（2005）通过反应运移模拟得出在万年时间尺度上，约有 3%～25% 的 CO_2 将会以次生碳酸盐矿物沉淀形式被封存。Gilfillan 等（2009）利用惰性气体（[3]He，

^{20}Ne)和碳同位素(^{13}C)研究天然 CO_2 气田,结果表明千年时间尺度上地层水中 CO_2 主要以溶解态存在,矿物态最多占 18%。目前关于 CO_2 的矿化封存量计算主要关注的是固碳矿物类型及含量的计算,集中在咸水层 CO_2 封闭能力计算模型,主要包括地球化学模拟法(Xu et al.,2005)、碳酸盐矿物 CO_2 捕获量法(Wilkinson et al.,2009)、分子式法(Oelkers et al.,2008)和影响因素评价法(Bachu,2002)。梁国栋(2015)通过网格化储层结构运用了下列公式对鄂尔多斯盆地二叠系储层 CO_2 矿化封存量进行了计算:

$$m_{矿化} = \sum_{n=1}^{n_{max}} \left[V_n \times (1 - \varphi_n) \times V_c \times W_{CO_2,a} \times \rho_{rock} \right] \tag{6-9}$$

其中,$m_{矿化}$ 为 CO_2 矿化封存量;V_n 为网格 n 的体积;V_c 为固碳矿物的体积分数;φ_n 为网格 n 的孔隙度;$W_{CO_2,a}$ 是 CO_2 在固碳矿物中的质量分数;ρ_{rock} 为岩石平均密度。

前人针对煤中 CO_2 地质封存量主要考虑吸附封存和游离的自由相 CO_2 含量,部分研究关注了 CO_2 溶解量(De Silva et al.,2012;Zhao et al.,2016),在评价封存量时几乎不考虑矿化封存量,这是由于:① 煤中矿物含量相对常规油气储层含量少,如沁水盆地南部 $3^{\#}$ 煤层矿物体积百分比小于 2%,一般在 1% 左右(Cai et al.,2011),能够发生矿化反应的原料较少;② CO_2-H_2O-矿物的地球化学反应时间长,随着 CO_2 在储层中的运移发生缓慢矿化反应,其时间能延续至上百万年,因此矿化含量对即时评价 CO_2 地质封存量的意义不大(Bradshaw et al.,2007);③ 能发生地球化学反应的 CO_2 量较少,如前文中 Gilfillan 等(2009)认为矿化的 CO_2 量占溶解量的 18%,而在煤层中溶解量占比本身可被忽略(Zhao et al.,2016);④ 煤中矿物非均质性强,即使是同一煤级同一埋深下不同位置的煤岩中矿物类型和含量也有很大差异,这使得矿化量的计算过于复杂。因此在评价深部煤层 CO_2 地质封存量时矿化封存可被忽略,但由 CO_2-矿物反应产生的煤储层渗透率增大效应有利于 CO_2 的注入与 CO_2 在煤储层中的进一步运移,因此从工程角度上需考虑伴随矿化反应带来的渗透性演化机理。

6.3　CO_2 静态封存机制与模型

6.3.1　CO_2 静态封存的地质控制

相较于常规油气储层,煤层孔隙率相对较低,其中能以自由相保存的 CO_2 量较少,但不可否认的是,CO_2 在注入煤层后首先发生的就是以自由相进入煤层孔隙或溶解于煤层水中,进而发生吸附和矿化反应。煤中 CH_4 被 CO_2 驱替

后必然有 CO_2 占据原有游离 CH_4 的空间,该部分 CO_2 封存行为可分为构造地层封存和残余气封存。由于上述两种封存行为的差异仅表现在封存机制上,对封存量的计算均是考虑一定自由体积内的自由 CO_2 含量,因此构造地层封存与残余气封存的 CO_2 封存量可统称为 CO_2 静态封存量(游离的 CO_2),其实质是自由空间内的自由相 CO_2。而静态封存量受控于煤层的孔隙率、含水饱和度、温度和压力条件,因此需讨论煤储层孔隙率和含水性以及上覆盖层封闭与圈闭能力。随着 CO_2 注入煤层埋深的增大,气态的 CO_2 转变为超临界状态,密度迅速增大。将沁水盆地温度压力条件带入 NIST REFPORP 软件,计算结果显示埋深为 1 500 m 的 CO_2 密度约为埋深为 500 m 的 6 倍左右。相较于超临界 CO_2 吸附能力在该深度范围内呈逐渐减小的趋势,在孔隙度变化不大的前提下,自由相密度的显著增大带来的游离 CO_2 封存量的增加成为深部煤层 CO_2 地质封存量的重要来源。

与常规油气保存方式类似,煤层中丰富的孔裂隙网络为自由相 CO_2 提供了丰富的保存空间,而超临界 CO_2 由于其较高的密度,使得煤中孔隙空间能够容纳更多自由相 CO_2。图 5-16(a)展示了 CO_2 密度在沁水盆地埋深条件下密度变化趋势,为直观表现埋深条件下密度变化对煤中自由相 CO_2 含量的控制作用,绘制了单位质量内自由相 CO_2 含量随埋深变化趋势图[图 6-9(a)],图中可明显观察到相对于浅部条件,CO_2 进入超临界条件后可保存 CO_2 量的急剧增大。这一现象表明,达到 CO_2 超临界条件的深部煤层,是 CO_2 地质封存有利的地质体(Pashin et al.,2015)。另一方面,自由相 CO_2 的保存空间直接受控制于煤的孔裂隙发育程度,特别是大中孔等非吸附孔隙的孔体积大小直接决定了游离 CO_2 含量。前人研究结果表明,中国煤层孔隙度普遍小于 10%,不同煤体结构,煤级煤的孔隙发育程度差别较大(刘娜 等,2018)。沁水盆地中高煤阶煤的覆压孔渗实验结果表明,有效应力达到 12 MPa 时,煤岩孔隙度衰减 16.69%~58.95%(黄强 等,2019),表明随着煤层埋深增加,有效应力的增加必然导致原有孔裂隙的压缩,其中垂直于主应力方向的微裂隙闭合情况最为严重,这就导致可供自由相 CO_2 保存的孔隙空间减小,然而孔隙度减小现象在埋深相对较浅的煤层中不明显,如沁水盆地樊庄区块埋深在 700 m 至 1 100 m 煤层的孔隙度均在 4% 左右,未随埋深增大而减小,这可能是由于煤层中普遍含气对煤基质骨架有支撑作用,另一方面埋深较浅,地层有效应力较小,对孔隙压缩作用不明显[图 6-9(b)]。

叶建平等(2014)对沁水盆地深部煤层物性的研究认为,深部煤层受不断增加的垂直地应力作用导致孔隙率减小,而相对浅部孔隙率变化不大。这一结果表明,在临界深度到 1 100 m 之间 CO_2 密度迅速增加而煤层孔隙度几乎无减小,暗示该深度范围可能是最有利的煤层中 CO_2 静态封存靶区。虽然埋深增大

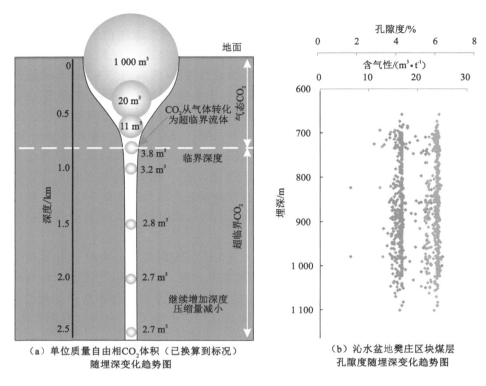

（a）单位质量自由相CO_2体积（已换算到标况）
随埋深变化趋势图

（b）沁水盆地樊庄区块煤层
孔隙度随埋深变化趋势图

图 6-9

有利于增加 CO_2 密度,但有效应力的增加则造成了储层空间的减小,因此在评价不同埋深煤层 CO_2 游离封存量时需综合考虑孔隙度变化与 CO_2 密度增大的双重效应。此外,煤层吸附能力随埋深变化先增后减,尤其是进入 CO_2 临界条件后,超临界 CO_2 吸附能力急剧减小,而超临界范围内 CO_2 的压力敏感性减弱,可压缩性显著降低,因此埋深增加对游离气增加的影响有限,平衡煤层吸附能力与游离气增量,优选埋深合适的煤层是深部煤层 CO_2 地质封存的关键。

从油气藏尺度来看,储层中游离气的保存需要良好的盖层和圈闭条件,以保证游离气能持久稳定地保存在地层中,因此合适的构造和地层条件是 CO_2 注入煤层后游离 CO_2 保存的必要条件。以常规油气成藏理论为指导,储层中游离气的富集成藏主要受浮力作用,深部条件下超临界 CO_2 密度虽然显著增加,但其密度仍然小于地层水,因此在达到 CO_2 饱和溶解量后,多余的 CO_2 会以游离状态与地层水构成两相流共存的状态,而浮力作用会驱动游离态 CO_2 向上运移,遇到盖层后在圈闭内聚集形成 CO_2 气藏,从而达到封存 CO_2 的目的。常规油气藏成藏模式中的圈闭类型有背斜圈闭、封闭性断层圈闭、盐构造圈闭和地层圈闭(图 6-10)。

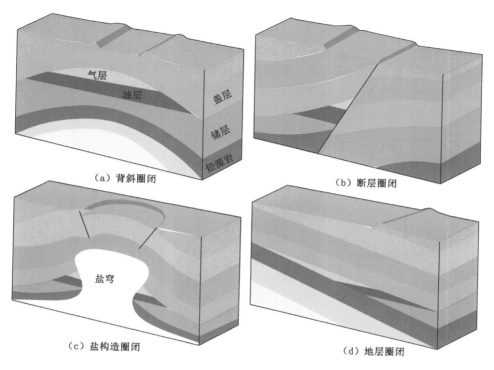

（a）背斜圈闭　气层　油层　盖层　储层　烃源岩

（b）断层圈闭

（c）盐构造圈闭　盐穹

（d）地层圈闭

图 6-10　常规油气藏类型及其圈闭方式示意图

　　含煤地层是一套具有自封闭属性的富气单元,该套地层内煤层、泥页岩、致密砂岩相互叠置发育,其中相对更低孔渗的泥页岩构成了多级盖层系统,有利于阻止煤层中气体向上逸散。 CO_2 在煤层中的保存与甲烷类似,因此稳定的高含气带煤层也是 CO_2-ECBM 的有利部位。然而煤层自身低孔低渗条件极大制约了 CO_2 注入工程的实施,因此在考虑有利保存条件的同时应关注煤层本身的渗透能力。煤层渗透率随埋深增加而迅速衰减,这就造成 CO_2 注入工程实施难度和成本的增加,不仅影响煤层 CO_2 地质封存的有效性,还会极大降低 CO_2-ECBM 带来的经济性。因此对于深部煤层 CO_2 地质封存需考虑煤层与上覆盖层的时空匹配关系,既要保证盖层的封盖性也要优选高渗透率煤层。这一思路与寻找煤层气富集高产带一致。前人研究结果表明,煤层气富集高产带的构造地层类型主要包括向斜、褶曲翼部和局部构造高位(图 6-11)。其中向斜富集带和褶曲翼部富集带由于受到埋深和地下水控制往往出现在较浅煤层,而埋深增加会显著降低这两种构造部位煤层的渗透率,不利于煤层气开发工程的开展。

深部煤层上覆地层厚,煤系内泥页岩封盖能力强,在局部构造位置会发育较为优越的高产煤储层,如局部隆起的复式褶皱的背斜部位。煤层中均衡面上的煤层段受拉张应力而发育微裂隙,不仅增加了孔隙度,还大幅提高了渗透率。该部位发育的煤层恰好与常规油气藏中经典的背斜油气藏一致,在背斜圈闭中局部高位的煤层上段游离气在浮力和上覆泥页岩封盖的双重作用下得以保存,能够形成吸附气与游离气稳定的保存,因此就深部煤层来说,局部构造高位的背斜核部是 CO_2 保存的有利部位。

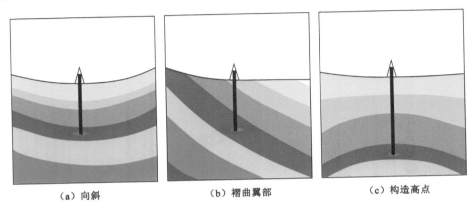

（a）向斜　　　　　　　（b）褶曲翼部　　　　　　　（c）构造高点

图 6-11　煤层中游离态 CO_2 封存的几种有利构造地层圈闭模式示意图

6.3.2　煤中 CO_2 静态封存量计算模型

近年来煤层中游离气逐渐被重视,特别是低阶煤中游离气含量占煤层总含气量甚至高达 90%（傅小康,2006）,前人根据气体状态方程、有效孔隙体积、含气饱和度等提出了不同的煤中游离气的计算方法（张新民 等,2006;贾秉义 等,2015;高丽军 等,2018）,其中深部煤层气体构成以游离气为主（申建 等,2015）,这是由于一方面吸附能力随埋深显著下降,另一方面甲烷密度的增大使得游离气含量增加。对于注入煤层的呈游离态封存的 CO_2,其计算方法与甲烷游离量计算方法一致,即应用煤层孔隙度、含水饱和度、气体状态方程等,因此煤中游离 CO_2 封存量可用同一方程计算。降文萍等（2019）提出了基于视密度和真密度的煤层气游离气计算公式:

$$G_{MF} = \left(\frac{1}{\rho_c} - \frac{1}{\rho_t} \right) \times \frac{1 - S_w}{B} \tag{6-10}$$

其中,G_{MF} 为煤层气游离气量;ρ_c 为煤岩视密度;ρ_t 为煤岩真密度;S_w 为含水饱和度;B 为甲烷体积系数。

6.4 封存量计算模型优化与比较

6.4.1 过剩吸附量＋总孔隙自由体积量计算模型

煤层气游离量将煤层孔隙率作为基础参数,然而实际情况下,游离气所处的空间应是煤孔隙总自由空间减去吸附相所占空间,因此前人关于煤中游离气含量的评价和计算从理论上来说都是大于实际煤孔隙中的游离气含量。煤孔隙中非吸附空间的自由空间体积无法确定,这是由于吸附空间体积无法准确测量,因此单独计算的煤岩超临界 CO_2 的绝对吸附量和孔隙内 CO_2 游离量数据均存在一定误差。此外,根据前文 4.5.2 节关于不同吸附相密度对绝对吸附能力精度的讨论可知,高压条件下煤岩的超临界 CO_2 吸附能力严重依赖于吸附相密度的准确选择,而目前并没有准确获得吸附相密度的方法,文中采用的图表法获得的吸附相密度也可能大于真实值,这就造成了利用各气体构成计算煤中气体总含量时出现多重人为误差。煤层中吸附气与游离气始终处于动态平衡中,任何扰动都会导致二者发生相互转化,因此不应单独评价二者的含气量。为解决该问题,有学者从过剩吸附量的定义与测试方法出发,用实验测得的过剩吸附量和 He 测得的自由空间内的游离量的和来表征吸附量与游离量的和(Tang et al.,2016)。这是由于过剩吸附量的定义为绝对吸附量减去吸附空间内与自由相密度相等的部分,这就表示在煤岩孔隙空间内无须考虑吸附空间对吸附相和自由相的限制,且过剩吸附量和真实孔隙度能通过实验方法准确获得,因此该过剩吸附量＋游离量的联合计算模型能够准确评价煤岩中吸附量和游离量的总和,其物理模型见图 6-12。

因此,煤层中 CO_2 吸附量和游离量可用如下公式计算:

$$n_{ad+free} = n_{ex} + n_{free} \qquad (6-11)$$

其中,$n_{ad+free}$ 为吸附量与游离量之和;n_{ex} 为实验获得的过剩吸附量,或用式(4-2)计算得到;n_{free} 为自由空间内的游离量。自由空间内游离量的计算需要真实孔隙空间,本次针对沁水盆地中高阶煤孔隙结构特征的研究表明,低温 CO_2 吸附测得的孔径小于 1.5 nm 的微孔孔体积与压汞法测得的孔径大于 3 nm 的孔隙孔体积相等或更大(表 3-3),这说明如果仅用压汞测得的孔隙度计算煤岩中 CO_2 游离量,则数值必然小于总自由空间 CO_2 游离量,因此本次研究自由空间体积为压汞测得的孔体积(可压缩孔)与低温 CO_2 吸附测得的孔体积(不可压缩孔)之和,可用如下方程计算:

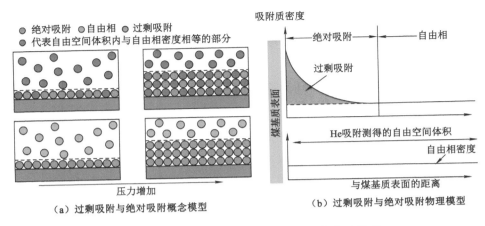

图 6-12 过剩吸附与绝对吸附概念模型与物理模型

$$n_{\text{free}} = \frac{(\varphi/\rho_{\text{coal}} + V_{\text{CO}_2})(1 - S_{\text{w}})P}{ZRT} \tag{6-12}$$

其中，φ 为煤岩压汞法测得孔隙度；V_{CO_2} 为低温 CO_2 吸附法测得的微孔孔体积；P 为压力；Z 为一定温度压力下的 CO_2 压缩因子，可用 NIST REFPORP 软件计算；R 为气体常数；T 为温度。

煤储层条件下，煤岩受到上覆岩层的压力和构造应力的作用表现在煤岩骨架的有效应力，而有效应力会随着煤层埋深增加而增加，这必然导致煤岩孔隙的压缩，因此在运用上述公式计算自由体积内的 CO_2 游离量时需要考虑有效应力对孔隙度的影响，特别是裂隙和大孔的压缩效应。根据前文，自由空间体积可分为可压缩孔隙和不可压缩孔隙，可压缩孔隙主要为裂隙和大孔，该孔隙对有效应力变化敏感，埋深条件下随有效应力增加而减少（黄强 等，2019），另一种不可压缩孔为纳米级或次纳米级微孔，该孔结构相对稳定，埋深条件下被吸附气体填充，因此即使有效应力增加，但该孔内已被气体分子填充，在有效应力变化下始终保持孔隙大小。

6.4.2 两种方法计算封存量的差异及意义

由于实验室开展的煤的 CO_2 等温吸附实验获得的是过剩吸附量，在深部煤层高温高压条件下无法代表煤层 CO_2 的真实吸附量，因此本次评价方法中将过剩吸附量与全孔隙体积下游离项 CO_2 替代吸附封存量和静态封存量之和，根据过剩吸附与绝对吸附的定义，该方法更能准确地表征吸附封存量和静态封存量之和，为了比较两种计算方法得到的结果之间的差异，计算了 SH 煤样在 0～

2 000 m埋深条件下含水饱和度分别为0、50％和100％三种条件下的两种计算方法的差异,结果见图 6-13。

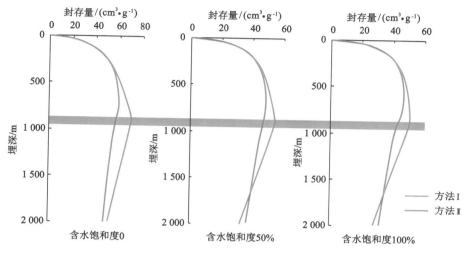

图 6-13　不同方法计算的不同含水饱和度下吸附封存量与
静态封存量之和随埋深的变化

[方法Ⅰ为绝对吸附封存量与静态封存量之和;
方法Ⅱ为应用改进的过剩吸附量与自由体积计算方法,即(式 6-4)的封存量之和]

　　总体来看,两种计算方法结果在 500 m 以浅煤层的差异性小,500 m 以深方法Ⅰ计算的封存量大于方法Ⅱ,且随着埋深增加,二者之间差异逐渐增大,在超临界等容线对应的埋深附近达到最大值,随后逐渐减小,不同含水饱和度煤层,封存量发生反转的深度不同。显然,不同计算方法得到的吸附封存量与静态封存量之和差异的原因是 CO_2 自由相密度变化和 CO_2 吸附相密度变化。埋深较浅时,CO_2 自由相密度与 CO_2 吸附相密度差异大,过剩吸附量与绝对吸附量之间差异较小,而煤岩孔隙内 CO_2 自由相对吸附量影响几乎可以忽略;而随着 CO_2 转变为超临界状态,CO_2 自由相密度迅速增加,根据吸附势理论,吸附剂表面的吸附质密度会逐渐减小,直到等于自由相密度,因此自由相密度增加会导致吸附空间体积增加,因此造成计算的绝对吸附量增加;埋深进一步增加,CO_2 自由相密度增加延缓或在该范围内几乎不增加,造成这一结果的原因是吸附相密度被赋予定值,而在较高自由相密度的情况下,吸附相密度也会有所增加,因此通过过剩吸附量计算的绝对吸附量会偏小。

　　不同含水条件下,两种方法计算结果的差异最大为 20％,因此对于需要较高评价精度的区域,方法Ⅱ更为合适。然而上述两种方法所需要参数要求也不同,比较而言,方法Ⅰ仅需要获取煤层的孔隙度,可从测定或试井得到,而方法Ⅱ则需要微孔和大孔的孔体积,这就要求实验室数据的支持,在评价较大区域内孔隙特征变化大的煤层 CO_2 地质封存量时,显然方法Ⅱ并不适用。综上,不同计算方法都有其优劣性,需针对评价区域工程实施条件、实验数据翔实程度和评价精度进行选择,浅部煤层 CO_2 地质存储潜力评价可采用方法Ⅰ,深部煤层,特别是超临界等容线以浅埋深煤层 CO_2 地质存储潜力评价宜采用方法Ⅱ。

6.4.3 不同封存机制的 CO_2 封存量随埋深变化

煤中不同封存机制的 CO_2 封存量均是温度和压力的函数,盆地内煤层发育部位不同,具有的温度、压力条件也不同,因此可通过埋深条件下各封存量随埋深的变化,厘定煤层中 CO_2 总封存量极值,有利于指导 CO_2-ECBM 工程选址,使得煤层 CO_2 地质封存达到最优效果。以沁水盆地煤层条件为例,计算了 SH 煤样在 $0 \sim 2\,000$ m 范围内 CO_2 各封存量随埋深的变化,根据沁水盆地地质背景的调研和分析,沁水盆地 $3^\#$ 煤层自盆地边缘露头至盆地中心埋深超过 2 000 m,但 80% 以上的煤层埋深在 2 000 m 以浅,此外由于有效应力的增加,深部煤层渗透率严重衰减,因此可认为 2 000 m 以深煤层不适合开展 CO_2-ECBM 工程。根据孙占学等(2005)的研究,沁水盆地平均地温梯度为 28.2 ℃/km,但南北差异较大,南部地温梯度较高,为 35.3 ℃/km;盆地 $3^\#$ 煤储层压力大多数为欠压或正常压力储层,但南部郑庄区块、潘庄区块等煤层储层压力高,且多见超压储层,因此本次研究设定地温梯度为 35.3 ℃/km,压力系数为 1 MPa/100 m。煤层中含水饱和度对 CO_2 封存量具有重要影响:一方面水分对 CO_2 吸附具有明显的抑制作用;另一方面较高的自由水含量必然占据孔隙空间,造成 CO_2 静态封存量的减少。为表现不同埋深煤层中水对 CO_2 封存量的影响,本次计算假设了三组不同含水饱和度,分别为 0、50% 和 100%,其中对于含水饱和度为 0 的煤层,不同埋深下吸附量需用干燥煤样超临界 CO_2 等温吸附实验结果,其余两种含水饱和度煤层的吸附量用平衡水煤样超临界 CO_2 等温吸附实验结果进行拟合。前文 5.4.3 已经完成了平衡水条件下 SH 煤样在不同埋深条件下吸附量的拟合运算,因此本节根据 5.4.3 的研究成果运用了同样的方法计算了干燥煤样 CO_2 等温吸附实验获得参数与温度之间的关系,如图 6-14 所示。

为计算煤中 CO_2 静态封存量和溶解封存量,需获得煤样中未被吸附相完全填充的孔隙体积。由图 4-12 可知,煤中微孔绝对优势孔径范围内超临界 CO_2 吸附行为为典型的微孔填充,孔径大于 0.8 nm 的微孔含量占总微孔的比例可以忽略,因此可认为煤中微孔的 CO_2 仅存在吸附相,游离相和溶解相的 CO_2 绝大多数存在于大孔中。这一结果使我们在计算游离相 CO_2 和溶解相 CO_2 时只

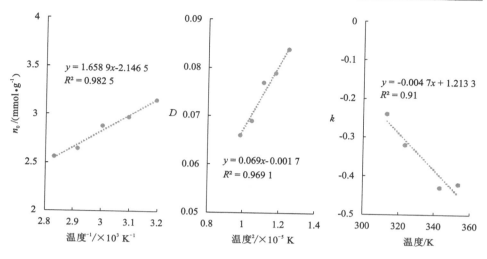

图 6-14 干燥 SH 煤样超临界 CO_2 等温吸附实验
的超临界 D-R 模型拟合参数与温度的关系

需考虑大孔孔体积对二者封存量的控制作用。此外,根据实测煤的孔隙度未随埋深发生明显变化,可认为在该范围内孔隙度压缩量忽略不计,因此游离相和溶解相 CO_2 所在大孔空间保持不变,为压汞法所测孔体积 0.032 5 cm^3/g。沁水盆地煤层水矿化度总体较低(卫明明 & 琚宜文,2015),远小于 1mol NaCl 溶液的矿化度,而 CO_2 溶解度对矿化度的敏感度小于温度和压力,因此煤层水可近似看作纯水,CO_2 的溶解度计算可根据 Duan 和 Sun(2003)提出的纯水中 CO_2 溶解度计算方法进行计算。埋深条件下不同含水饱和度煤层各封存机制的封存量变化趋势见图 6-15。

根据 CO_2 相态变化可分为气态阶段、类气态超临界阶段和类液态超临界阶段,CO_2 吸附封存量随埋深先增大后减小,最大值出现在超临界等容线控制的类气态超临界阶段,干燥和含水煤样分别为 63.93 cm^3/g 和 51.03 cm^3/g。CO_2 游离量随埋深逐渐增加,进入超临界状态后,增加幅度明显增大,类气态超临界阶段增加最快,含水饱和度为 0 时吸附量与游离量之比逐渐降低,从临界点深度的 15 倍左右减少到 2 000 m 时的 4 倍左右;CO_2 溶解量随埋深变化不明显,100% 含水饱和度下的最大溶解量为 0.95 cm^3/g。游离量占比随着埋深增加而增加,在 CO_2 最大地质封存量附近,游离量达到 10%,埋深继续增加,虽然游离量增加缓慢,但吸附量的逐渐减少使得游离量比例仍在增加,不同含水饱和度 CO_2 游离量在 2 000 m 均不到总封存量的 20%,100% 含水饱和度的煤样中 CO_2 溶解量在计算的埋深范围内均不超过总封存量的 2%。总的来看,煤层中

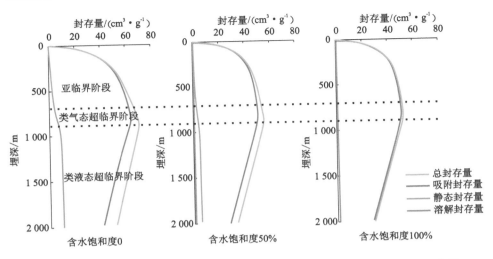

图 6-15　不同含水饱和度 SH 煤样 CO_2 地质封存量随埋深变化（0～2 000 m）曲线

CO_2 地质封存量存在最大值，吸附封存量始终占主导地位，煤层中含水量不仅降低了 CO_2 的吸附封存量，还占据了游离相 CO_2 的保存空间，降低游离量。因此从封存能力上来看，类气态超临界阶段对应埋深的煤层具有开展 CO_2 地质封存的有利条件，开展 CO_2-ECBM 工程前可先对目标煤层实施排水降压，降低煤层含水量。

6.5　深部煤层 CO_2 地质封存的可行性

6.5.1　不同封存机制的时间效应与安全性

当 CO_2 被注入煤层后，由于煤对 CO_2 具有吸附作用导致 CO_2 先被捕获进而固定；接着，在构造地层水动力等圈闭作用下，类似于常规油气藏的游离气体被保存在煤层的孔裂隙系统中，CO_2 被封存在煤层中［图 6-16（a）］。煤中游离相 CO_2 封存量随 CO_2 注入量增加，一旦注入过程终止，其增加也停止，原有的 CO_2 游离相会不断向其他封存模式转化。而吸附作用发生时间相对于地质历史时期而言也是短时的，吸附实验表明，煤岩 CO_2 吸附饱和时间在几小时到几天之间，相对于 CO_2 在低渗煤层中缓慢的运移速率，可认为煤中 CO_2 吸附作用也是即时的。这两种即时性封存作用可划分为煤层 CO_2 的一次封存作用。随着时间延长，CO_2 逐渐溶解并发生离子反应及矿化封存等二次封存作用［图 6-16（a）］，二次封存作用的发生与 CO_2 的运移密不可分，不同渗透性和成分储层中二次封存发生的范围和时间不同,煤层渗透率低且含水量和矿物含量相对较低,导致二次封存作用在煤层中始终不占主导地位。虽然短期内二次封闭作用对增加 CO_2 地质封存量的贡献有限,但随着时间延长却能实质上提高 CO_2 地质封存的安全性和可靠性(Bachu,2008)。这是由于二次封存作用虽然产生的反应慢,延续的时间长,但一旦形成,受温度压力等地层条件变化有限,固定的 CO_2 不容易大量释放,此外,相对于即时性的物理吸附与构造地层圈闭封存,从时间尺度上来说,上千年跨越至上百万年不等的反应时间也有效地延长了封存过程。

CO_2 地质封存的安全性与封存时间密切相关,如静态封存的游离相 CO_2 活动性大,在浮力或地下水动力作用下极易发生突破和迁移。前人研究认为随着 CO_2 注入后时间的延长,一次封存逐渐转变为束缚、溶解和矿化等二次封存,二次封存量的贡献率逐渐占主导,并且封存的安全性也逐渐增加(Bradshaw et al.,2007;Bache,2008),然而该研究并未考虑 CO_2 在煤层中重要的吸附封存。煤中特有的吸附封存不仅占重要地位,其温度压力敏感性对 CO_2 封存安全性也具有重要影响。吸附封存的 CO_2 虽然受到煤岩束缚,具有相对高的安全性,但深部条件下受温度影响明显,特别是可能的异常高温效应会导致大量吸附相 CO_2 的释放。溶解和矿化封存的 CO_2 具有最高的安全性(Bradshaw et al.,2007),随着 CO_2 流体在煤层沿水平方向向四周扩散,在运移路径上不断与水和矿物发生作用,形成稳定的溶解相和矿物相,但该反应发生周期长,一是由于深部煤储层渗透性差,短期内 CO_2 运移量小(数十年到上百年),且仅有的运移的 CO_2 被煤岩捕获吸附,使得短时间内能发生矿化反应的 CO_2 更少。此外,煤中矿物及水分含量明显小于常规储层与咸水层,这就导致煤层中 CO_2 地质封存的安全性与其他地质体不同,煤层中特有的 CO_2 吸附封存不仅影响 CO_2 地质封存能力,也是封存后安全性评估与检测的主要方向。

深部不可采煤层 CO_2 地质封存安全性分为即时安全性和长远的安全性。

(1)即时安全性主要考虑 CO_2 在注入煤层后是否会发生泄漏。如果工艺选择和地质选址不合适,会导致 CO_2 突发性或缓慢性地泄漏,而 CO_2 泄漏的风险可能会在短时间内显现,从而造成地下水污染、土壤酸化以及气候急剧变化等环境问题。CO_2 封存的泄漏主要有三种形式:一是沿着断层或断裂;二是 CO_2 注入造成的过压可能导致原有盖层的破坏;三是注入井或煤层气开采井封闭不当导致的岩井筒的泄漏。

(2)煤层中 CO_2 地质封存的长远的安全性可从两个方面考虑。首先是从不可采煤层开发的角度,目前经济及技术条件下的不可采煤层在未来可能转变为可开采煤层,如果该煤层已实施了 CO_2-ECBM,那么势必导致该煤层无法开采,这从能源的可持续发展上是不利的。其次,从地层和构造演化的角度,与常

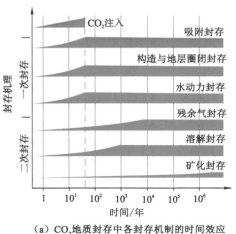

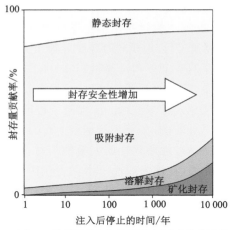

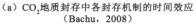

（a）CO_2 地质封存中各封存机制的时间效应
（Bachu，2008）

（b）CO_2 地质封存中各封存机制对安全性的贡献

图 6-16

规储层或咸水层 CO_2 地质储存过程相比,煤层中不论是含水量还是矿物含量都远小于其他储层,因此总的来看煤层中 CO_2 二次封存过程虽然也会随着时间增加而发生,但其封存量所占比例始终较小,因此煤层中 CO_2 地质储层的安全性应小于常规储层和咸水层,特别是地质历史时期中,如果该煤层属于构造沉降区,随着埋深增加,CO_2 吸附量和游离量显著减小,如 5.4.3 节中吸附量随埋深变化曲线中,深部煤层 CO_2 的吸附量减小显著,而不断增加的覆压压力势必导致孔隙率的急剧压缩,而二次封存量在逐渐达到饱和后无法消耗大量 CO_2 一次封存量的排泄量,因此可能会导致已经保存的 CO_2 发生运移或泄漏。因此针对深部煤层 CO_2 地质封存安全性开展进一步的研究。

6.5.2　CO_2-ECBM 的工程可行性

不可采煤层中 CO_2 地质存储技术称为注 CO_2 强化煤层气开采（CO_2-ECBM）。驱替煤层气技术不仅能实现 CO_2 的封存,还能大幅提高煤层气采收率,有效降低 CO_2 捕集与注入的成本,是一种经济高效的封存方式（图 6-17）。由于 CO_2 和 CH_4 在煤岩孔隙表面存在竞争吸附关系,CO_2 会优先占据吸附位,而已有吸附位上的 CH_4 会被后来的 CO_2 置换形成游离态,这就是 CO_2-ECBM 可行性的理论基础,也是煤层中 CO_2 地质存储特有的 CO_2 封存方式。因此理论上而言,煤中 CO_2 地质封存不仅可行还具有一定的经济性,然而在实际工程开发中会遇到各种挑战,其中 CO_2 可注性与有效性就是 CO_2-ECBM 关注的重点

（桑树勋，2018）。表 1-1 中列出的 20 世纪以来全球主要的 CO_2-ECBM 工程概况显示，目前的 CO_2-ECBM 技术尚处于全球范围内工程探索阶段，少数达到工程示范阶段，但均未达到大规模商业开发的程度。显然，从 CO_2-ECBM 工程开发的角度来看，其技术可行性仍然有待提高。

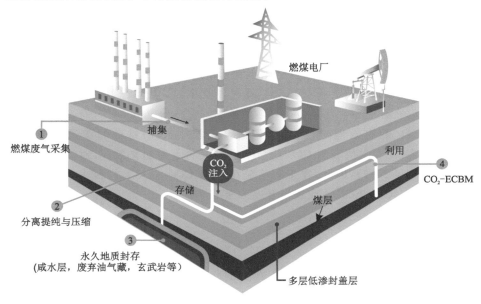

图 6-17　煤矿区发电厂 CCUS 模式图

　　沁水盆地最新的深部煤层 CO_2-ECBM 工程由 11 口井组成，目前 CO_2 累计注入量 3 963 t（叶建平 等，2016）。随着 CO_2 的注入，生产井的日产气量呈现先减小后增大的趋势。CO_2 注入过程中，8 口生产井日产气量高峰达到 1 600 m³/d，但日产气量不稳定；CO_2 注入完成 1 年后，注入后的产气量趋于稳定，平均日产气量 500 m³/d，相对于 CO_2 注入前，平均日产气量提高 25%，但实际埋藏量只占理论最大埋藏量的 0.5% 左右（叶建平 等，2016），这可能与 CO_2 注入井组布置方式和注入时间有关。而 2009 年至 2010 年在相同地区实施的单井 SX-001 井深部煤层 CO_2 注入试验，通过 CO_2 间歇性注入的方式取得了较为满意的结果，CH_4 平均日产量可达到 CO_2 注入前的 2 倍以上，甚至达到 2.8～15 倍，CH_4 的采收率可达到 67%，相对于 CO_2 注入前采收率提高了 83%（叶建平等，2012）。这两种不同的现场试验结果表明，不同煤层条件，注入工艺等对深部煤层 CO_2 地质封存有效性和经济性具有不同影响，这也说明 CO_2-ECBM 是一项复杂的系统工程，对其可行性及有效性的评价应结合实际地质与工程因素提出更高的要求。

此外在 CO_2 注入煤层选择上还需要考虑煤层的渗透性(申建 等,2016),煤的渗透性对 CO_2 存储技术也起到了限制性的作用,CO_2 在渗透性好的煤层中运移速率快,不会形成短期过压的现象,相对快速的 CO_2 运移过程也能够使靶区保存更多的 CO_2。煤层埋深超过 1 500 m 时,因煤层的渗透率过小,煤层气不能产出,该深度不仅是煤层气开采的下限,也是煤层 CO_2 封存的下限深度(姚素平等,2012)。Bachu 等(2007)认为有利于 CO_2 注入的煤层渗透率应大于0.01 mD,如果煤层的渗透率过低,则不利于 CO_2 从割理进入孔隙,而导致注入失败或进展缓慢。张春杰等(2016)等通过正交实验,认为要实现柿庄北区块煤层注入 CO_2 显著提高甲烷采收率,煤层渗透率应高于 0.05 mD,而过高的渗透率不利于 CO_2 的有效埋藏,因此建议适合煤层中 CO_2 封存的渗透率范围是0.05~0.22 mD。煤层吸附 CO_2 后会发生显著的吸附膨胀效应,对渗透率影响明显(Karacan,2007),因此,在工程实施中平衡 CO_2 注入工艺和注入后带来的渗透率衰减是 CO_2-ECBM 大规模开发的重要问题。

6.6 小结

本章系统阐述了 CO_2 在煤层中存在的除吸附封存的其他封存类型及其封存机制,阐述了 CO_2 溶解封存的影响因素,总结了煤中矿物-H_2O-CO_2 相互作用类型及其对煤储层的改造作用,讨论了煤中 CO_2 静态封存的类型和主控地质因素,并提出了过剩吸附+自由体积量联合计算模型。探讨了不同封存类型下 CO_2 地质封存量随埋深的变化关系并简要阐释了深部煤层 CO_2 地质封存的安全性和可行性。

(1)煤中 CO_2 溶解封存发生在煤层水中,水中 CO_2 的溶解受温度、压力和矿化度的影响,高压力有利于溶解作用,而温度和矿化度对 CO_2 的溶解具有负效应;CO_2 溶解于水中后形成的酸性溶液与矿物发生矿化反应,包括旧矿物的溶解、转化和新矿物的生成,矿物的溶解能够提高孔隙度,而新生成的矿物能有效固定 CO_2,但对储层渗透率伤害极大;煤中矿物含量与种类较低,其总效应是增加了煤层的渗透性,但对于 CO_2 的矿化封存量贡献很低。

(2)煤中 CO_2 静态封存为游离相 CO_2,与煤中其他物质没有任何作用,是在无水孔隙中,受构造地层封盖或水动力圈闭,形成的自由态 CO_2。由于超临界 CO_2 具有较高的密度,因此相对于浅部地层条件,深部温度压力环境更有利于大量封存游离相 CO_2。为避免吸附相密度的不确定性带来的绝对吸附量计算的误差以及游离相 CO_2 存在的孔径下限限制,本次研究应用了过剩吸附量+自由体积量联合封存计算方法,并在计算自由空间体积时考虑了微孔孔体积和大孔孔体积,该方法能更准确计算吸附封存量与静态封存量之和。

（3）吸附封存、静态封存和溶解封存均受温度和压力的影响较大,以 SH 煤为例,计算了沁水盆地温度压力条件下煤中 CO_2 各封存量随埋深的变化,结果显示吸附封存量在总封存量中始终占主导地位,静态封存量随埋深增加而增加,2 000 m 时达到总封存量的 20%,溶解封存量占比小于 2%,煤中水分显著降低了 CO_2 总封存量;不同计算方法显示,吸附封存量与静态封存量之和差异在浅部不明显,随埋深增加而变大,最大值出现在 CO_2 超临界等容线对应埋深以浅,为 20%,表明在评价煤中超临界 CO_2 地质封存量时宜采用方法 II,埋深条件下 CO_2 自由相密度变化与吸附相密度的增加造成了两种方法计算结果的差异。

（4）不同封存方式在 CO_2 注入煤层后的完成时间不同,静态封存和吸附封存在短期内即可完成,而溶解封存和矿化封存随 CO_2 向四周扩散而逐渐发生,其中矿化封存作用时间可达百万年,但其封存安全性是最高的。封存安全性主要考虑 CO_2 是否会发生泄漏或盖层突破,即时性安全性需关注 CO_2 与可能存在的泄漏通道之间的关系,而长远安全性需考虑煤层未来可开采性和构造运动带来的吸附封存条件的变化。煤中 CO_2 地质封存不仅能有效且长远地固定 CO_2,还能通过 CO_2-ECBM 技术实现煤层气的高效开发,具有理论、技术和经济可行性。目前阻碍 CO_2-ECBM 大规模商业开发的因素是煤层低渗属性及煤的 CO_2 吸附作用引起的基质膨胀带来的渗透率进一步降低。

7 煤层 CO_2 地质封存量评价方法与实例分析

深部煤层 CO_2 地质存储潜力评价的目的是通过对目标煤层或评价区域内 CO_2 地质封存量的计算,从地质、工程与经济角度指导 CO_2 地质封存选区与 CO_2-ECBM 工程的实施。由于地质、工程、经济和社会条件的不同,煤层中 CO_2 地质封存量评价的级别与评价精度也各有差异,因此在开展 CO_2 地质存储潜力评价时需要首先确定评价区域、封存量评价等级以及所需的地质与工程参数。本章从 CO_2 封存量金字塔模型出发,针对评价区域范围与工程地质资料的详细程度,提出了煤层 CO_2 理论封存量和有效封存量的计算模型,选取沁水盆地和郑庄区块 $3^\#$ 煤层为评价对象,通过煤层赋存条件、储层条件和相关实验结果建立了盆地级别和区块级别的地质模型,并借助地质模型中评价参数优选,评估了沁水盆地和郑庄区块 $3^\#$ 煤层 CO_2 理论封存量和有效封存量。

7.1 煤中 CO_2 地质封存量计算方法

7.1.1 封存量金字塔模型

CO_2 的地质封存量可以认为是地质资源,因此其存储潜力可以用资源量和储量的概念来表示(Bradshaw et al.,2007)。资源量指所有查明与潜在(预测)的矿产资源中,具有一定可行性研究程度,但经济意义仍不确定或属次边际经济的原地矿产资源量,可按探明程度分为查明资源量和预测资源量。储量是指在探明地质资源量的基础上,在目前技术和经济条件下可进行商业开采的部分。从资源量和储量的概念可知,储量是资源量的部分,通常可以利用可采性、技术和经济界限来划分储量。而随着经济和社会的不断进步,勘探开发技术的不断革新,资源量和储量也在不断变化中,因此对于 CO_2 地质封存能力的评价也需要不断更新。

CO_2 地质封存量可根据不同经济、技术、社会和政策条件划分不同的次级资源量。如 Bachu 等(2007)建立了 CO_2 地质封存量的技术-经济资源量金字塔

[图 7-1(a)]。该金字塔由不同概念的资源量组成,据此 CO_2 的地质封存量自下而上分别为理论封存量、有效封存量、实际封存量和工程封存量,代表了不同技术、经济、政策等条件约束下 CO_2 封存量自下而上逐渐减少,但注入工艺和成本则变低。因此在评估 CO_2 地质封存量时需要首先确定评估封存量的约束条件,确定其在金字塔中的位置。理论封存量是指某一地质体内所能包含的所有封存机制的含量总和,是一种极限的物理概念,代表了金字塔整个封存量。以煤层为例,CO_2 理论封存量为该煤层 CO_2 饱和吸附量,占据煤层孔隙空间的溶解量和游离量以及与煤中矿物发生完全化学反应的矿化量。然而在实际生产中理论封存量往往并不存在,这是由于在实际生产中,CO_2 封存不可避免地会受到技术、经济和政策等因素的约束,因此该封存量基本无参考意义,而从国家等层面对资源量进行评价时,由于很少考虑地质方面的因素,对于技术上不可采的资源量不纳入评价结果。即便如此,从理论角度出发,理论封存量对于 CO_2 注入地质选址的前瞻性研究和国家战略方向具有指导作用。有效封存量是理论封存量的子集,是通过地质勘测或工程施工对封存量评估范围进行圈定,该封存量会随着地质及工程数据的扩充而不断变化,是理论上地质及工程条件下最大的封存量。实际封存量则是在当前经济、技术和政策法规的限制下获得的有效封存量的子集。匹配封存量位于金字塔顶端,是实际封存量中减去地质储存场地因素造成的无法注入的 CO_2 含量。综上所述,在 CO_2-ECBM 前期封存量评价和地质选址的过程中,应重点关注 CO_2 的理论封存量和有效封存量。

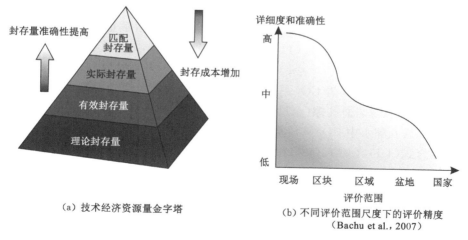

（a）技术经济资源量金字塔

（b）不同评价范围尺度下的评价精度
（Bachu et al., 2007）

图 7-1

CO_2 地质封存量评估范围及评估准确度不仅取决于评价方法,还取决于获得数据的方式及详细程度。封存量评估范围与评价精度成反比关系,即评估面积越大,获得的封存量精度越低。封存量评估范围从大到小依次可分为国家层面、盆地层面(不排除某些国家共享同一个盆地)、区域层面、区块层面和现场层面[表7-1(b)]。其中盆地层面和区域层面的 CO_2 地质封存量评估可能会发生反转,这是由于区域层面的封存量评估往往关注某一连续性地质体或特定储层,如山西省 CO_2 地质封存量计算会包含沁水盆地、太原盆地和大同盆地等。区块层面的封存量评价相对比较详细,准确度也高,这是由于区块内地质条件相对简单,储层相对连续和均匀,在工程开发成熟的区块往往能获得准确的 CO_2 封存量。该封存量具有较高可信度,通过少量示范工程和数值模拟方法可对 CO_2-ECBM 工程选址提供重要的指导意义。虽然研究区范围与评价精度成反比,但范围越大,在评估中所需的数据精度越低,因此大尺度的 CO_2 地质封存量评估往往用于国家层面的存储潜力及未来发展方向的战略研究,对实际 CO_2-ECBM 工程的指导意义不大。

7.1.2 煤层 CO_2 理论封存量计算方法

本次研究从煤层中 CO_2 地质封存机制出发,详细阐述了煤中四种 CO_2 封存机制,包括吸附封存、静态封存、溶解封存和矿化封存,根据 6.2 节内容煤中矿化封存机制和矿化封存时间效应,在煤储层 CO_2 存储容量评价时,由于矿化反应存储因时间长、容量小、难以量化可以忽略计算,因此深部煤层 CO_2 存储容量主要计算吸附存储容量、游离存储容量和溶解存储容量三部分。基于前文建立的过剩吸附量+自由体积量联合封存量计算模型和 CO_2 溶解量计算方程,建立了深部煤层单位质量煤储层的 CO_2 地质封存量计算模型,如下式:

$$m = m_{exc} + m_{v0} + m_s \tag{7-1}$$

其中,m 为单位质量煤岩 CO_2 总封存量;m_{exc} 为单位质量煤岩 CO_2 过剩吸附量;m_{v0} 为单位质量煤岩总孔隙(全尺度孔径的孔隙)体积对应的 CO_2 含量;m_s 为单位质量煤岩孔隙水中 CO_2 溶解量。

结合式(4-1)、(6-1)、(6-4)和(6-5)可得到如下 CO_2 封存量计算模型:

$$m/M = n_0\left(1 - \frac{\rho_g}{\rho_a}\right)e^{-D[\ln(\rho_a/\rho_g)]^2} + k_0\rho_g + \frac{(V_{Hg} + V_{CO_2})(1 - S_w)P}{ZRT} + \frac{\varphi S_w S_{CO_2}}{\rho_{coal}} \tag{7-2}$$

其中,M 为 CO_2 摩尔质量 44 g/mol;N_0 为某温度下煤样饱和吸附量,mmol/g;ρ_g 为某温度压力下 CO_2 密度,cm^3/g;ρ_a 为 CO_2 吸附相密度,为 1 cm^3/g;D 为反映 CO_2 与煤岩相互作用强弱的参数,无量纲;k_0 为过剩吸附量矫正系数,无量纲;φ 为煤压汞或测井法得到的孔隙度,%;V_{Hg} 为压汞法测得的大中孔孔体积,cm^3;

V_{CO_2} 为低温 CO_2 吸附所测微孔孔体积,cm^3;S_w 为含水饱和度,%;P 为压力,MPa;Z 为某温度压力下 CO_2 压缩因子;R 为摩尔气体常数,取 8.314 $Pa \cdot m^3 \cdot mol^{-1} \cdot K^{-1}$;$T$ 为温度,K;S_{CO_2} 为某温度压力下 CO_2 在纯水中的溶解度,$mmol/cm^3$。

得到单位质量煤层 CO_2 封存量后,结合煤层厚度、面积及密度就能计算该控制区域内煤层 CO_2 理论封存量(地质资源量),如下式:

$$M_t = A \times H \times \rho_{coal} \times m \tag{7-3}$$

式中,M_t 为理论存储容量,t;A 为 CO_2 存储区域面积,m^2;H 为煤层厚度,m;ρ_{coal} 为煤的视密度,g/cm^3。

由煤层中 CO_2 总封存量计算模型可知,在评价某一研究区内煤层的 CO_2 地质封存量时需首先开展模拟该煤层埋深条件下 CO_2 吸附实验获取吸附参数,采集该煤层煤样孔裂隙结构参数测试获取大孔和微孔孔体积数值,利用测井或试井方法获取煤层温度、压力、孔隙度(或通过压汞实验获得)、含水饱和度、煤的密度等数值,进而利用式(7-2)能准确计算该煤层 CO_2 地质封存总量。该计算方法具有较高的准确性,在评价封存量前不仅需要现场钻测井数据,还需要对煤样开展吸附及孔裂隙测试等,因此可评价现场或钻井控制程度高的区块内封存量。对于更大范围内煤层 CO_2 地质封存量评价,如盆地尺度,则无法运用上述公式,这是由于评价范围过大,煤的非均质性对评价结果影响明显,而煤样采集测试工作不仅需要花费大量人力物力,还会造成资源的浪费,因此对于盆地规模内煤层 CO_2 地质存储潜力评价需对上式进行简化或通过选取盆地内代表性煤层气井进行测井试井和煤样采集测试。显然上述两种方法的评价精度都较低,这与 Bachu 等(2007)提出的评价尺度与评价精度负相关一致。

针对沁水盆地尺度 CO_2 地质封存量的评价计算显然不能通过式(7-1)进行,而是需要结合实际地质及工程条件对其中部分参数进行简化。其中难以大量获得的数据为低温 CO_2 吸附所测的煤微孔孔体积、压汞法获得的大孔孔体积、煤的 CO_2 吸附能力等。因此可用如下方法进行简化和近似计算:① 将吸附封存量、溶解封存量和游离封存量进行分开计算;② 吸附封存量采用绝对吸附量;③ 游离封存量仅考虑大中孔内,可通过测井孔隙度获得;④ 煤储层参数、吸附能力、孔隙参数等可采用平均值。因此式(7-1)可简化为:

$$m/M = n_{ab}(T,P) + \frac{\varphi(1-S_w)P}{ZRT\rho_{coal}} + \frac{\varphi S_w S_{CO_2}}{\rho_{coal}} \tag{7-4}$$

其中,n_{ab} 为煤层 CO_2 吸附能力的平均值,$mmol/g$。

本次深部煤层 CO_2 地质封存量评价的区域为郑庄区块和沁水盆地。郑庄区块为沁水盆地内中深层煤层气成熟开发单元(陈世达 等,2016;朱庆忠 等,

2018),区块内煤层气井多,能够准确获取区块内 3# 煤层厚度、煤层埋深、镜质组反射率、孔隙度等参数的分布特征,此外,对井内煤样开展了大量分析测试来获得煤密度、孔隙特征和吸附性能等参数,在后续章节中将综合这些煤储层信息建立郑庄区块 3# 煤层地质模型。沁水盆地为我国主要的煤层气勘探开发盆地,目前煤层气开发主要局限在 800 m 以浅的煤层,而深部煤层具有很高的含气量,且可通过注入 CO_2 技术提高煤层气采收率(叶建平 等,2012;申建 等,2016),具有开展 CO_2 地质封存与煤层气高效开发的潜在优势。盆地内煤 3# 煤层研究程度深入,基本的煤层分布、煤储层特征等已被广泛报道(Su et al. ,2005;Qin et al. ,2018),且盆地内煤层连续、成分及结构相对均一,通过统计各评价参数的平均值可对沁水盆地 3# 煤层 CO_2 地质封存量进行评价,同样在后续章节中将综合相关参数建立沁水盆地和郑庄区块 3# 煤层 CO_2 封存量评价参数体系。

7.1.3　煤层 CO_2 有效封存量计算方法

理论封存量代表了煤层中甲烷被完全置换且所有 CO_2 封存机制均已饱和,显然在实际条件下,这些条件不可能满足,因此需要在理论封存量的基础上增加限定条件。有效封存量的计算方法类似于利用原位煤层气含量计算可采煤层量。本次研究中有效封存量评价方法采用碳封存领导人论坛(CSLF)推荐的计算方法,即理论封存量乘以可采系数与储层效率:

$$M_e = M_t \times RF \times C \tag{7-5}$$

其中,M_e 为煤层 CO_2 有效封存量,t;RF 为采收率,无量纲;C 为煤层垂向上封存比,无量纲。RF 和 C 表征了煤储层非均质性与可注入性特征。C 代表了起封存作用的煤层厚度占总产气煤层厚度的百分比,显然单煤层的 C 值比多煤层的 C 值高。基于 C 的概念,本次 CO_2 封存量评价煤层为单一的 3# 煤层,煤层夹矸 2~3 层,因此该值在本次研究中可定为 40%。RF 代表了煤层中产气量占总含气量的比值。在常规的煤层气生产中,RF 与排水降压生产有关,一般在 20%~60%(Van Bergen et al. ,2001),由于 CO_2 相对于 CH_4 与煤具有更高的亲和性,一般可以假设通过 CO_2-ECBM 技术实施的煤层气采收率大于 60%。

根据我国部分煤层气试井数据,叶建平等(1998)计算得到我国煤层气的采收率平均值为 35%,变化区间为 8.9%~74.5%。煤级不同,煤层中含气量不同,采收率与煤阶成负相关关系,刘延峰等(2005)给出了中国各煤阶的平均煤层气采收率(表 7-1)。计算 CO_2 有效封存量中采收率时应考虑 CO_2-ECBM 技术带来的煤层气采收率增加现象。如申建等(2016)通过开展沁水盆地不同埋深下煤储层物性参数特征的变化,利用数值模拟方法得出通过注入 CO_2,煤层气采收率可提高 20%的结论。姜凯等(2016)的研究表明,利用 CO_2-ECBM 技术可将沁水盆地煤层气采收率提高到 72%。沁水盆地 TL-003 井 CO_2 注入微型先导性试验和 SX-001 井深部煤层 CO_2 微型先导性试验表明,CO_2 注入可有效提高甲烷日产量和煤层气采收率,煤层气采收率可达到 67%,相对于 CO_2 注入前采收率提高了 83%(中联煤层气有限责任公司 & 阿尔伯达技术研究,2008)。考虑到深部煤层由于较高的有效应力导致的相对低的煤层渗透率,采收率提高率按 30% 计算,因此本次研究将采收率定为 65%。

表 7-1　中国各煤阶的煤层气采收率(刘延锋 等,2005)

煤类	褐煤	不黏煤	弱粘煤	长焰煤	气煤	肥煤	焦煤	瘦煤	贫煤	无烟煤
RF	1.00	0.67	1.00	1.00	0.61	0.55	0.50	0.50	0.50	0.50

7.1.4　深部煤层 CO₂ 地质封存量评价流程

由于不同评价范围的计算结果精度不同,且需要提供的地质和工程参数也不同,因此首先需根据地质封存量经济-技术金字塔模型确定 CO_2 地质封存评价范围,如本次确定了两个尺度的评价范围,分别是盆地级别的沁水盆地和区块级别的郑庄区块。不同评价尺度评价流程相同,仅在资料收集及评价参数详细程度上有所差异,因此本次研究提出了深部煤层 CO_2 地质存储潜力评价的总体流程,如图 7-2 所示,现详述如下。

(1)已有资料收集整理

确定评价区域后,开展研究区地质及工程资料的收集和整理工作,资料来源主要包括但不限于公开发表的期刊文献、生产和地勘单位的地质与工程报告、地球物理资料、钻井资料和煤样分析测试结果。通过已有资料的收集可以确定研究区可进行的封存量评价等级和精度。同时资料的详细程度也决定了 CO_2-ECBM 工程实施的可行性。本次研究评价区分别为沁水盆地和郑庄区块,就现有资料而言,郑庄区块控制程度高,深部煤层厚度、煤级、孔隙特征等相对均一,本次实验采集了研究区内煤样、开展了等温吸附实验和孔裂隙定量测试,因而其评价参数更接近实际值,评价结果可用于指导 CO_2-ECBM 工程的开展;而沁水盆地 3# 煤层虽然连续,但埋深、煤级和孔隙变化较大,通过资料中评价参数的平均值获得的盆地内 CO_2 封存量的结果仅可用于 CO_2-ECBM 工程选区等工作。

(2)建立评价区域地质模型

通过资料的收集、整理与地质图表的绘制,建立包含研究区主要地质属性的综合物理模型,即地质模型。地质模型代表了煤层在垂向上和横向上的变化,主要由煤层属性、煤储层物性、温度、压力、应力场等物理参数组成,是提取地质参

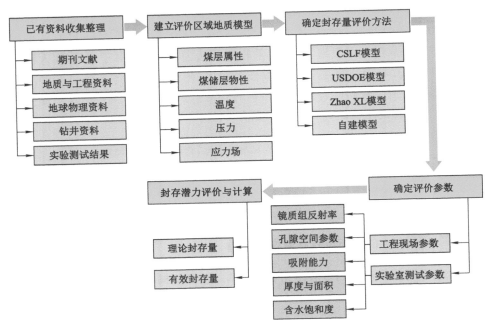

图 7-2 深部煤层 CO_2 地质存储潜力评价流程图

数的基础。地质模型构建不仅需要考虑煤层属性和储层物性，还要考虑构造地层对煤层的控制作用，进而根据构造分区和煤层非均质性建立评价区内具有一致评价参数的单元。应尽可能选择实际地质与工程条件、评价方法中可能用到的评价参数以及可行度较高的实测数据。

（3）确定封存量评价方法

已有的常规与非常规油气资源量评价流程在对研究区地质条件进行分析和模型建立后需确定具体评价方法，如煤层气资源量评价方法的体积法与类比法。根据已有资料与研究区地质条件的复杂程度采用不同的评价方法。然而本次研究已经通过探讨煤层中 CO_2 各封存机制建立了新的封存量计算模型，因此，该步骤可省略，直接利用研究建立的理论封存量计算模型和有效封存量计算模型确定模型中的各评价参数。封存量计算模型分为两步：第一步为计算单位质量煤的各 CO_2 封存量总和；第二步为将单位质量煤的 CO_2 封存总量扩展至整个评价区。

（4）确定评价参数

封存量计算模型中需要确定煤层分布的面积、埋深、厚度、煤级、煤密度、含水饱和度、孔隙体积（小孔和大孔）、吸附能力等。区块面积是指在各种边界条件

（包括地质边界和人为划定边界）下圈定的煤层分布面积。可充分利用地质、钻井、测井、地震和煤样测试等资料综合分析煤层分布的地质规律和几何形态,在钻井控制和地震解释综合编制的煤层顶、底板构造图上圈定。煤层厚度指扣除夹矸、达到煤层厚度起算标准且具有储气能力的那部分煤储层的厚度,本次研究的是单煤层,厚度可依据岩心分析资料、测井解释资料进行确定。煤储层密度为煤的视密度,可由取心实验测定方法获得。

本次模型中吸附封存量可通过等温吸附实验法得到,采用超临界 D-R 模型描述吸附特征。根据实验得到的等温吸附曲线可以获得不同样品在不同压力和温度（深度）下的理论吸附量。溶解封存量计算采用容积法,由 CO_2 在地层水中的溶解度、含水饱和度、孔隙率等综合求得。孔隙度的取值可以理论模型为基础,利用实验分析的参数值与各测井信息进行分析,并进行覆压校正。将校正后的孔隙度作为评价储量计算的依据。在实验条件及经济条件允许的前提下可开展压汞法和低温 CO_2 吸附法确定煤的大孔和微孔孔体积,利用方程（7-1）和（7-2）进行计算,否则采用方程（7-4）的评价方法,用孔隙度近似代表整个孔隙体积。对于含水饱和度,可以利用密度测井法计算,并采用算术平均法和孔隙体积权衡法综合确定。游离态封存量储集容量的确定可以通过修正的气体状态方程结合煤储层含气饱和度进行计算。

（5）存储潜力评价与计算

确定了评价方法和评价参数之后,便可计算评价区域内煤层的 CO_2 理论封存量和有效封存量。因为煤层厚度变化范围内温度、压力、有效应力控制的孔隙空间变化较小,所以,垂向上 CO_2 的封存量可认为是均匀分布的;横向上需重点考虑超临界 CO_2 二段式吸附特征,以不同埋深为界,分区域计算 CO_2 封存量。在评价计算过程中,可根据地质模型特征进一步划分次一级评价单元,划分依据为煤层平面上变化快、对吸附封存量或游离封存量影响较大的评价参数,如煤厚、孔隙度、煤级等。最后在分区评价的基础上,结合 CO_2 可注性评价,指导后续 CO_2-ECBM 工程的有利区优选。

7.2　沁水盆地和郑庄区块 3# 煤层 CO_2 封存潜力评价参数

煤层 CO_2 地质存储潜力评价建立在一定地质条件的基础上,而一定研究范围内的地质条件综合体现在其综合地质模型上。与封存量金字塔模型类似,地质条件和地质参数越详细,构建的地质模型越准确,通过对某区域内地质模型参数的提取和简化,可以得到不同尺度封存量的地质模型。一般而言,不同尺度范围内的地质模型所需资料与数据各不相同:一方面是经济技术手段的限制;另一方面也是评价精度与评价参数的要求。煤储层地质模型在垂向和横向具有非均质性,不同区域内非均质性强度不一,为提高 CO_2 封存量评价准确性需要在对盆地或区块的地质条件分析的基础上进行次级单元的划分。本次研究的靶区为沁水盆地和郑庄区块,通过对各研究区内煤储层地质条件和物性条件的划分与总结,建立各评价区域内 CO_2 地质封存量计算模型参数体系。

7.2.1 沁水盆地煤层 CO_2 封存潜力评价参数

沁水盆地山西组 $3^\#$ 煤层在盆地内埋深变化较大,自盆地边缘煤层露头到盆地中心和西北边缘埋深增加 3 000 m[图 2-6(a)],因此为了评价沁水盆地 $3^\#$ 煤 CO_2 地质封存量,考虑到不同埋深下 CO_2 吸附能力的显著变化,需根据 5.3 节关于不同 CO_2 相态的划分,将评价区划分为气态亚临界区、类气态超临界区和类液态超临界区。根据前人关于沁水盆地内地层温度和压力的报道,地温梯度为 28.2 ℃/km(孙占学 等,2005),压力系数为 0.71 MPa/100 m(王勃,2013),结合盆地内钻遇 $3^\#$ 煤的钻井实测温度与压力,计算得到达到 CO_2 临界条件和超临界等容线密度条件的埋深分别为 1 000 m 和 1 500 m。此外参考沁水盆地煤层甲烷风化带深度以及超临界 CO_2 吸附能力与埋深的关系认为,埋深小于 500 m 时,由于地层封盖条件差容易造成 CO_2 泄漏,埋深大于 2 000 m 时,不论是孔隙度还是吸附能力都有较大程度的损失,因此,将沁水盆地 $3^\#$ 煤层 CO_2 地质封存量的埋深定义在 500~1 000 m、1 000~1 500 m 和 1 500~2 000 m 三段(表 7-2)。$3^\#$ 煤厚度在沁水盆地内分布具有南部厚(平均 5 m),中北部薄(平均 2 m)的特征[图 2-7(a)],显然即使其他评价相同,厚度差异仍然会造成评价结果 2~3 倍的差异,而南部煤层厚度大的区域埋深均在 1 000 m 以浅,因此对于气态亚临界区 CO_2 地质封存量的评价分为南区和北区两部分。这一划分也刚好符合南区煤层煤级相对较高的特征[图 7-2(a)]。综上,将沁水盆地内 $3^\#$ 煤层 CO_2 地质封存量的评价划分为四个区域,在归纳盆地内地质背景条件和储层物性条件的基础上,考虑到煤层环境中非均质性较强的温度、压力以及厚度因素,通过划分评价区域与各次级评价区块的参数选择可以一定程度上避免煤层非均质性造成的评价结果误差。

沁水盆地 $3^\#$ 煤埋深多处于 2 000 m 以浅,仅在复式向斜轴部和祁县一带埋深超过 2 000 m,埋深变化趋势呈两侧陡、中间缓的基本格局;欠压储层和正常压力梯度储层均存在,以欠压储层为主,平均压力系数为 0.71 MPa/100 m,盆地南部煤层储层压力大于北部,如郑庄区块储层压力系数为 0.91 MPa/100 m;盆地内地温梯度整体上呈南北高中间低的趋势,盆地整体地温梯度为 28.2 ℃/km,受晋城地区隐伏岩浆岩的加热作用,南部总体偏高,为 35.3 ℃/km;煤

层厚度较大,在全盆地分布稳定,横向上连续,东南部厚度大,平均在 5 m 左右,
樊庄区块附近达到 6 m,煤层结构受埋深和构造影响南北变化较大,夹矸一般为
2 到 3 层;煤层镜质组反射率普遍较高,盆地向斜轴部发育无烟煤,煤级与埋深
成正相关关系,除盆地产出少量焦煤外,其余地区均为高煤级煤,其中南部地区
煤级自北向南逐渐增高,晋城地区甚至达到 5%,贫煤自北向南呈条带状分布在
盆地边缘[图 7-3(a)];3# 煤孔隙度非均质较强,主要分布在 1%～7%之间,浅部
煤层孔隙度分布范围大于深部,盆地中南部孔隙度大于北部,孔隙结构以微孔为
主,大孔次之,中孔不发育;煤层渗透率非均质性也较高,普遍小于 1 mD,随埋深
增加逐渐减小,800 m 以浅渗透率衰减快,深部煤层孔隙度与渗透率几乎不发生
变化,盆地内渗透率高的区域包括南部潘庄-樊庄区块,北部的寿阳区块,盆地中
部渗透率普遍小于 0.1 mD;煤层含气量与埋深也具有一定相关性[图 7-3(b)],
埋深大于 1 500 m,含气量普遍在 25 m³/t 以上,含气量较高的区块主要在盆地
南部,包括樊庄区块、潘庄区块和郑庄区块,平均含气量均为 15 m³/t。

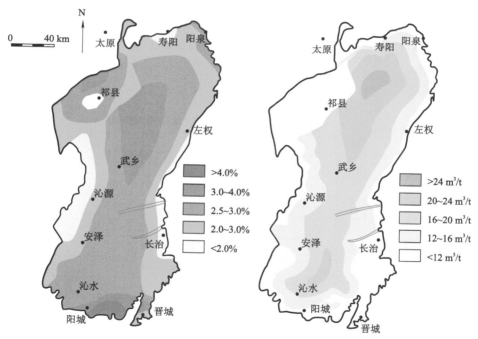

(a) 沁水盆地山西组3#煤层镜质组反射率分布(刘飞,2007)　　(b) 沁水盆地3#煤含气量分布

图 7-3

　　沁水盆地 3# 煤层温度和压力在垂向上具有连续性,通过对不同评价区域煤

层埋深与厚度的划分,并利用前人研究成果中的地温梯度和压力系数确定不同评价区域的温度压力条件。此处选取各评价区域内煤层埋深中值为评价参数,温度分别为 31 ℃,45 ℃ 和 70.5 ℃,压力分别为 5.68 MPa,9.23 MPa 和 15.62 MPa。煤厚分别取各区域内的平均值,分别为 5 m,2 m,2 m 和 1.5 m。根据实测的不同,埋深 $3^{\#}$ 煤孔隙度的变化显示,在埋深条件下煤层孔隙度变化小 [图 6-9(b)],因此可以认为不同埋深条件下煤层孔隙空间几乎不变,由本次研究所采煤样的压汞平均孔隙度为 4.57%,与实测孔隙度接近。此外由于孔隙度相同,同一煤层不同埋深的视密度也相同,取 1.25 g/cm³。大量实践表明沁水盆地煤层含水饱和度普遍较高,在煤层气排采中需要先排水降压(陈霞 等,2011;毛港涛 等,2018)。CO_2 溶解度在已知温度和压力的前提下,利用 Duan 和 Sun(2003)提出的 CO_2 溶解度计算模型得到,分别为 1.08 mol/L,0.96 mol/L 和 1.07 mol/L。煤层吸附能力主要取决于煤级,除盆地中部两侧边缘(范围较小)煤级较低,平均为 1.5%,气态亚临界南区煤级较高,平均为 3.5% 外,其余地区煤级均在 2.5% 左右,因此可用 XJ 煤代表煤级为 2.5%,SH 煤代表煤级为 3.5% 的煤层吸附能力,利用温度与超临界 D-R 模型中吸附参数的关系(计算方法见 5.4 节)可以计算各分区内温度下煤层的饱和吸附能力,具体数值分别为 58.65 cm³/g,50.07 cm³/g,43.9 cm³/g 和 35.29 cm³/g,据此建立沁水盆地 $3^{\#}$ 煤层 CO_2 地质封存量评价参数表(表 7-2)。

表 7-2　沁水盆地深部煤层 CO_2 封存地质模型参数

参数	气态亚临界区		类气态超临界区	类液态超临界区
	南区	北区		
面积/km²	10 785	3 625	6 350	8 650
埋深/m	500～1 000		1 000～1 500	1 500～2 000
温度/℃	31.0		45.0	70.5
压力/MPa	5.8		9.2	15.6
煤厚/m	5.0	2.0	2.0	1.5
煤级/%	3.5	2.5	2.5	2.5
视密度/(g·cm⁻³)	1.25		1.25	1.25
孔隙度/%	4.57		4.57	4.57
含水饱和度/%	50%		80%	80%
溶解度/(mol·L⁻¹)	1.08		0.96	1.07
吸附能力/(cm³·g⁻¹)	58.65	50.07	43.90	35.29

7.2.2 郑庄区块深部煤层 CO₂ 封存潜力评价参数

与沁水盆地不同的是,郑庄区块埋深自南向北逐渐增加,各次级区域相对独立,煤层厚度、埋深与煤级基本呈南北分异的特征,且具有较好的对应关系,不需要进一步划分。同一评价区块内煤层厚度、埋深及煤级的非均质性对封存能力计算影响较小,可应用沁水盆地划分方法进行次级评价区块划分。由于郑庄区块平均地温梯度(35.3 ℃/km)和压力系数(0.91 MPa/100 m)大于沁水盆地平均值,通过计算郑庄区块温度压力条件,分别将 800 m 和 1 100 m 作为划分区块的埋深,因此郑庄区块气态亚临界区、类气态超临界区和类液态超临界区埋深范围分别是 500~800 m,800~1 100 m 和 1 100~1 300 m。

郑庄区块 3# 煤埋深变化较快,西南部埋深普遍小于 500 m,北部埋深大于 1 100 m 的煤层呈不规则条带状分布,东部受向斜控制也发育 1 000 m 左右的煤层[图 7-4(a)];煤层有效厚度相较于沁水盆地更大,平均 5.5 m,总体上呈东南薄、西北厚的变化趋势,厚度变化在 3~6.5 m 之间,局部超过 8 m[图 7-4(b)];3# 煤储层压力总体上为欠压储层,压力系数平均为 0.91 MPa/100 m,受断层封闭性影响,自东南向西北储层压力逐渐增加;根据郑庄区块 72 口煤层气评价井和测试井煤样工业分析结果,原煤含水量 0.71%~2.82%,平均为 1.32%,灰分含量 9.33%~28.72%,平均为 13.35%,属于中灰煤,挥发分含量 5.44%~10.84%,平均为 7.28%,真密度 1.47~1.72 g/cm³,平均为 1.55 g/cm³,镜质组反射率 3.19%~4.25%,平均为 3.63%,属于高变质程度煤,在平面呈南高北低的变化趋势[图 7-4(c)],与埋深变化相反,是受区域异常高温影响的结果;区内 3# 煤层裂隙走向与断层走向一致,表明其发育与东部寺头断裂有关,自西向东逐渐增加,孔隙度 0.65%~10.74%,平均为 5.38%,整体较低;前人对郑庄区块 3# 煤孔隙结构的定量表征结果表明,压汞法测总孔体积为 0.022~0.056 8 cm³/g,BET 总孔体积为 1.21~5.27 mm³/g(张晓阳,2018),本次研究中采用低温 CO₂ 吸附法测得微孔孔体积普遍大于大孔,在总孔隙中占比最高(表 3-2);郑庄区块 3# 煤层渗透性总体较为均匀,普遍大于 0.01 mD,平均 0.16 mD,渗透率较高的地区分布在西北和中部向斜轴部位置[图 7-4(d)];72 口煤层气井的测井与等温吸附实验结果显示,煤层含气量 0.65~30.43 cm³/g,平均为 19.44 cm³/g,含气饱和度 0.02%~1.04% ,平均为 0.54%,绝大多数为欠饱和储层,平面上受构造影响,东部和西南部断层附近含气量低,垂向上含气量峰值在 1 000 m 附近;煤层水化学测试结果表明,郑庄区块煤层水矿化度为 1.5 g/L~3.6 g/L,平均为 2.3 g/L,离子浓度总体较低(张晓阳,2018),见表 7-3。

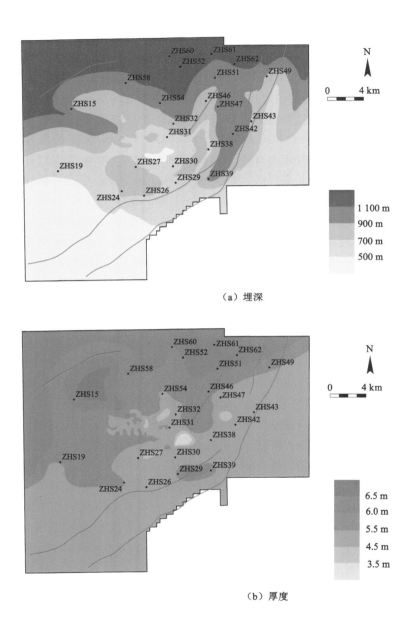

图 7-4　郑庄区块山西组 3# 煤层物性参数分布图

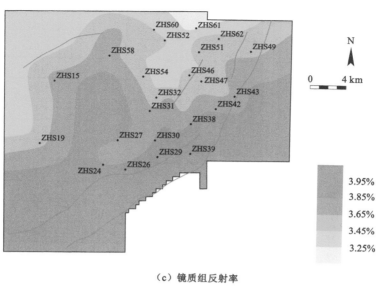

（c）镜质组反射率

（d）渗透率

图 7-4 （续）

表 7-3　郑庄区块部分典型深部煤层气井 3# 煤详细参数表

井号	埋深 /m	厚度 /m	温度 /℃	煤级 /%	孔隙度 /%	含水量 /%	真密度 /(g·cm⁻³)	含气饱和度 /%
ZH24	981.00	4.90	34.00	3.85	6.31	1.11	1.55	74
ZH33	961.03	4.35	35.00	3.47	5.22	1.39	1.53	71
ZH40	1121.51	4.85	39.00	3.93	6.81	1.38	1.58	52
ZH41	961.90	3.90	35.00	3.88	4.31	1.23	1.51	63
ZH42	902.05	3.66	32.00	3.81	5.38	1.91	1.58	72
ZH43	875.96	4.06	32.00	3.68	4.86	1.58	1.55	25
ZH44	1 017.50	2.00	36.00	3.69	10.54	0.97	1.66	23
ZH47	1 050.28	1.35	37.50	3.54	7.37	1.47	1.60	44
ZH48	889.17	3.56	30.00	3.67	5.42	1.37	1.52	61
ZH51	1012.31	4.80	36.00	3.57	6.48	1.48	1.54	58
ZH52	1 267.75	5.55	41.50	3.53	5.49	1.28	1.50	83
ZH54	1 039.21	5.53	37.00	3.49	5.55	1.04	1.51	74
ZH55	1 115.80	3.65	39.00	3.62	4.75	1.28	1.53	67
ZH56	1 159.30	5.75	40.00	3.55	4.19	1.60	1.49	43
ZH57	1 213.21	5.40	42.00	3.59	5.13	1.37	1.51	59
ZH58	1 057.14	5.04	36.50	3.77	5.75	0.85	1.52	78
ZH59	1 157.63	5.02	40.00	3.68	4.74	0.81	1.52	88
ZH60	1 336.95	5.00	44.00	3.44	6.78	1.30	1.55	107
ZH61	1 126.23	5.50	39.50	3.29	6.25	0.97	1.56	48
ZH62	1 118.99	4.75	39.00	3.53	3.33	1.46	1.52	62
ZH63	1 112.59	3.35	36.00	3.51	3.48	1.28	1.53	33
ZH65	1 077.50	4.67	50.00	3.44	3.91	0.02	1.47	81
ZH66	1 072.41	6.12	39.00	3.53	4.73	1.52	1.60	69
ZH67	1 268.96	6.10	38.80	3.29	4.81	1.23	1.58	51
ZH68	1 190.50	4.20	39.00	3.29	3.33	1.16	1.51	40
ZH69	1 188.05	5.00	40.00	3.49	4.60	1.65	1.47	82
ZH71	841.30	5.54	33.00	3.46	3.03	1.61	1.52	81
ZH72	1 107.10	5.20	38.00	3.98	4.44	1.47	1.52	79
ZH73	894.40	5.50	33.00	3.19	4.29	1.12	1.52	66
ZH83	926.40	6.70	37.00	3.61	5.55	0.98	1.53	56

表 7-3(续)

井号	埋深 /m	厚度 /m	温度 /℃	煤级 /%	孔隙度 /%	含水量 /%	真密度 /(g·cm⁻³)	含气饱和度 /%
ZH91	1 073.75	4.80	34.50	3.61	6.13	1.19	1.55	69
ZH97	1 259.34	4.48	38.00	3.72	7.12	1.06	1.60	49
ZH98	1 227.80	5.90	34.00	3.85	5.69	1.06	1.58	51
ZH99	1 234.40	5.38	35.00	4.05	5.38	2.45	1.58	58
ZH100	939.00	5.70	31.00	3.91	6.06	1.45	1.57	38
ZH102	1 102.80	5.50	32.80	3.95	7.18	1.29	1.57	55

郑庄区块煤层测井、试井与分析测试数据较为完善,可利用实测数据来选取合适的评价参数,同理区块各评价区域内评价参数随埋深变化较大的变量选区域内煤层埋深中值,其余参数选取区域内实测数据的平均值,因此温度分别为 28 ℃、42 ℃ 和 50 ℃,压力分别为 5 MPa、5.8 MPa 和 11 MPa。煤厚分别取各区域内平均值,分别为 5 m、5.6 m 和 6 m。煤的含水饱和度可以利用实测的煤层含水率表示,通过计算不同埋深范围内煤层含水率得到具体数值为 1.42%、1.31% 和 1.3%。CO_2 溶解度在已知温度和压力的前提下,利用 Duan 和 Sun (2003)提出的 CO_2 溶解度计算模型得到,分别为 1.08 mol/L、0.95 mol/L 和 1.05 mol/L。郑庄区块煤级普遍大于 3%,其中南部气态亚临界区煤级达到 3.9%,由于本次研究实验所用煤级最高的 SH 煤仅为 3.33%,可以代表超临界区的煤岩,根据微孔含量与煤级的正相关性规律,本次用微孔含量最高的 CZ 煤代表亚临界区的更高煤级无烟煤。因此各评价区域煤的孔隙参数与密度可用本次研究的实测数据表示,压汞法测得的孔体积分别为 0.038 4 cm³/g 和 0.032 5 cm³/g,低温 CO_2 吸附法测的孔体积分别为 0.07 6 cm³/g 和 0.069 cm³/g,煤视密度为 1.26 g/cm³ 和 1.3 g/cm³。确定煤样后同样利用温度与超临界 D-R 模型中吸附参数的关系(计算方法见 5.4 节)可以计算各分区内温度下煤层 CO_2 的吸附量,具体数值分别为 62.85 cm³/g、51.77 cm³/g 和 47.55 cm³/g,据此建立郑庄区块 3# 煤层 CO_2 地质封存量评价参数表(表 7-4)。

表 7-4 郑庄区块深部煤层 CO_2 封存地质模型参数

参 数	气态亚临界区	类气态超临界区	类液态超临界区
面积/km²	319.36	228.32	165.34
埋深/m	300~800	800~1 100	1 100~1 300

表 7-4(续)

参　数	气态亚临界区	类气态超临界区	类液态超临界区
温度/℃	28	42	50
压力/MPa	5.0	8.6	11.0
煤厚/m	5.0	5.5	6.0
煤级/%	3.8	3.4	3.3
孔隙度/%	4.84	4.22	4.22
视密度/($g \cdot cm^{-3}$)	1.26	1.30	1.30
压汞法孔体积/($cm^3 \cdot g^{-1}$)	0.038 4	0.032 5	0.032 5
低温 CO_2 吸附法孔体积/($cm^3 \cdot g^{-1}$)	0.076	0.069	0.069
平均含水量/%	1.42	1.31	1.30
溶解度/($mol \cdot L^{-1}$)	1.13	1.17	1.17
吸附能力/($cm^3 \cdot g^{-1}$)	61.85	51.77	47.55

7.3　沁水盆地和郑庄区块 3# 煤层 CO_2 封存潜力评估

7.3.1　沁水盆地 3# 煤层 CO_2 封存潜力评价结果

评价结果表明,沁水盆地山西组 3# 煤 CO_2 理论封存量为 9.76 Gt,CO_2 有效封存量为 2.53 Gt(表 7-5),按区域划分,气态亚临界区、类气态超临界区和类液态超临界区分别占理论封存量的 76.41%、13.61% 和 9.97%,吸附封存量占总封存量的 90% 以上。就各区域而言,气态亚临界区各理论封存量分别为 7.15 Gt、0.22 Gt 和 0.097 Gt,类气态超临界区分别为 1.25 Gt、0.042 Gt 和 0.033 Gt,类液态超临界区分别为 0.88 Gt、0.063 Gt 和 0.029 Gt。评价结果中静态封存量与溶解封存量差异较小的原因是地质模型中煤层含水饱和度的假设值较高,特别是超临界区假设值为 80%。随着埋深的增加,吸附封存量占比减小,静态封存量和溶解封存量占比增加。

前人关于沁水盆地煤层 CO_2 存储潜力评价开展了大量前瞻性工作,采用不同评价方法和评价参数对沁水盆地不同埋深煤层进行了评价,然而各评价结果相差较大(刘延峰 等,2005;王烽 等,2009;郑长远 等,2016;姜凯 等,2016,;Zhao et al.,2016),特别是 Zhao 等(2016)认为沁水盆地煤层 CO_2 理论封存量为 1.78×10^{12} t,远大于本次评价结果,这是由于:① 上述评价煤层为沁水盆地所有煤层;② 评价参数选取较为简单,没有考虑垂向上封存量的变化。其他研究成果中运用的计算方法均是以煤层气资源量为基础的考虑 CO_2 置换能力的评价结果,该方法对 CO_2 置换效率假设偏低,低估了原始煤层 CO_2 的吸附能力,相对于本次研究中基于各封存类型的评价方法,显然 CO_2 的吸附封存量结果偏低。

表 7-5　沁水盆地 3# 煤层 CO_2 煤层存储潜力评价结果

封存量类型	气态亚临界区		类气态超临界区		类液态超临界区	
	封存量/×10^7 t	占比/%	封存量/×10^7 t	占比/%	封存量/×10^7 t	占比/%
吸附封存量	714.51	95.75	125.46	94.37	88.24	90.59
静态封存量	22.06	2.96	4.24	3.19	6.25	6.42
溶解封存量	9.69	1.30	3.25	2.44	2.92	3.00
理论封存量	746.26	76.41	132.95	13.61	97.41	9.97
有效封存量	194.03		34.23		25.15	

注:吸附封存量为绝对吸附量,静态封存量为游离封存量。

2018 年中国 CO_2 排放量增加了 2.3 亿吨(International Energy Agency,2019),按相同增加幅度来算,仅沁水盆地 3# 煤层就可封存全国近 4 年的 CO_2 排放增量。以沁水盆地所在的山西省为例,山西省是我国优质动力煤储量和产量最高的省份,也是我国煤炭消费大省,能源结构相对单一。山西省煤炭消费以火力电厂和炼焦为主,CO_2 点源排放量大、排放量集中,CO_2 气源充足且成分相对单一,CO_2 捕集效率提高可大幅降低成本。依据山西省 2015 年 CO_2 排放量440.2 Mt(Shan et al.,2018)估算,沁水盆地 3# 无烟煤储层可封存山西省 6 年的 CO_2 排放量,从 CO_2 地质减排的角度,依托山西省 CO_2 排放源的 CO_2-ECBM工程潜力可观。2019 年山西煤层气地面开发和利用量稳步增长,煤层气产量71.4 亿 m^3。

根据叶建平等(2012)开展的 CO_2-ECBM 现场试验结果,CO_2 注入后煤层气产气量提高了 1.45 倍,以直接经济效益估算,高浓度煤层气 CNG 灌装售卖价格为 2.7 元/m^3 + 政府财政补贴 0.3 元/m^3,则 2019 年可增加经济效益高达320.6 亿元,其经济价值可观。因此,从煤层气增产角度看,沁水盆地 CO_2-ECBM 工程潜力和经济效益巨大。

7.3.2　郑庄区块 3# 煤层 CO_2 封存潜力评价结果

郑庄区块评价结果表明,3# 煤 CO_2 理论封存量为 416.18 Mt,CO_2 有效封存量为 108.2 Mt(表 7-6),按区域划分,气态亚临界区、类气态超临界区和类液态超临界区分别占理论封存量的 43.98%、32.72% 和 23.3%,吸附封存量和静态封存量占总封存量的 99% 以上。就各区域而言,气态亚临界区各封存量分别为 186.93 Mt、6.17 Mt 和 1.42 Mt,类气态超临界区分别为 152.84 Mt、10.42 Mt 和 1.1 Mt,类液态超临界区分别为 114 Mt、12.61 Mt 和 0.87 Mt。需要指出的是吸附封存量计算根据绝对吸附量,因此吸附封存量与静态封存量计算结果相较于过剩吸附封存量与自由体积封存量计算结果偏大。随着埋深的增加,吸附封存量占比减小,静态封存量占比增加,溶解封存量先减少后增加。溶解封存量在各区域内均不超过 1%,以溶解相 CO_2 为基础的矿化量占比更小,对封存量贡献可以忽略,而静态封存量随埋深增加明显,然而煤层属于致密储层,孔隙率低,因此对于煤中 CO_2 的封存应主要考虑吸附封存,且埋深不宜过大。

表 7-6 郑庄区块 3# 煤层 CO_2 煤层存储能力评价结果

封存量类型	气态亚临界区		类气态超临界区		类液态超临界区	
	封存量/×10^6 t	占比/%	封存量/×10^6 t	占比/%	封存量/×10^6 t	占比/%
吸附封存量	186.93	96.10	152.84	92.99	114	89.43
静态封存量	6.17	3.17	10.42	6.34	12.61	9.89
溶解封存量	1.42	0.73	1.1	0.67	0.87	0.68
过剩吸附＋自由体积封存量	181.62	99.25	135.03	99.34	96.14	99.21
理论封存量	183.04	43.98	136.16	32.72	97.01	23.3
有效封存量	47.59		35.39		25.22	

注:根据 6.4.2 的讨论,CO_2 理论封存量由过剩吸附＋自由体积封存量与溶解封存量之和计算结果更为精确,表中吸附封存量与静态封存量仅表现不同封存量占比。

气态亚临界区、类气态超临界区和类液态超临界区的 CO_2 理论封存量丰度分别为 0.57 Mt/km², 0.6 Mt/km² 和 0.58 Mt/km²,表明对于郑庄区块而言深部煤层具有与浅部相似的 CO_2 地质存储潜力,造成亚临界区煤层 CO_2 存储潜力较高的原因主要是该区域煤级煤级普遍较高,相同面积内煤层的吸附能力高,而 CO_2 的吸附封存量占绝对主导。因此从 CO_2 地质存储潜力来看,郑庄区块全区均具有开展 CO_2-ECBM 工程的可行性。然而从可注性和安全性方面考虑,仍需分析区块内煤层渗透率及保存条件。

从 CO_2 可注性方面考虑,煤层渗透率是决定 CO_2 可注性的主要影响因素,因此郑庄区块实施 CO_2-ECBM 工程的首选部位应集中在渗透率较高的向斜核部与断裂段附近。然而在实际工程实践中给工程选址带来了新的思路。沁水盆地南部 TL-003 井 CO_2 注入试验表明，CO_2 注入后，煤层绝对渗透率从 CO_2 注入前的 12.6 mD 降至 CO_2 注入后的 1.37 mD(中联煤层气有限责任公司和阿尔伯达技术研究,2008)，渗透率的损失率约为 89%，CO_2 的可注性大幅降低。这是由于煤层在吸附超临界 CO_2 后会发生明显的基质膨胀效应,这必然会导致部分裂隙甚至微裂隙闭合,使得煤层在 CO_2 的封存仅局限在注入井附近,无法达到大规模的封存。而同样在沁水盆地实施的 SX-001 井深部煤层 CO_2 注入试验的结果表明,采用间歇式注入方式煤层渗透率能够恢复,其中水相有效渗透率由注入前的 5.5 mD 升高至注入后的 20 mD(叶建平 等,2012)，升高了 3.6 倍。这一工程实践表明间歇性的 CO_2 注入不仅能有效提高煤层气采收率,还能延长 CO_2 注入过程,增加煤层实际 CO_2 地质封存量,因此建议在郑庄区块 3# 煤储层原始渗透率大于 0.1mD 的部位开展预压裂与间歇性注入技术。

从煤层 CO_2 地质封存的保存条件来看,郑庄区块整体为自东南向西北倾斜的宽缓单斜构造,受多期构造变动影响,现今的水平构造应力场为压缩特征,有利于煤层中气体的保存。山西组 3# 煤层上覆厚层的三角洲平原亚相泥页岩,在全区内稳定且连续分布,煤层顶板岩心测试结果表明,无裂隙发育,突破压力高,具有很好的区域封闭能力。然而作为区块边界分布在郑庄区块东南部和南部的寺头断层规模较大,沟通了含水层并直达地表,因此靠近该断层的煤层本身含气性也较低,考虑到 CO_2 后期可能的泄漏风险,应将 CO_2 注入井布置在区块西北部向斜核部区域。地下水自地表沿煤层或含水层向深部运移,径流强度逐渐减弱,在区块深部形成滞留区,有利于 CO_2 气体保存。此外,由于正在进行的煤矿采掘活动对 CO_2 的泄漏具有潜在的风险,因此综合考虑,开展 CO_2-ECBM 工程的有利部位为郑庄区块埋深大于 800m 的类气态超临界区。

7.4　小结

本章首先回顾了 CO_2 地质封存量金字塔模型和受评价范围与评价参数选择约束的评价准确性,其次建立了沁水盆地和郑庄区块煤层 CO_2 理论封存量、有效封存量计算模型以及评价流程,再次根据沁水盆地和郑庄区块地质条件建立了对应的地质模型,最后对沁水盆地和郑庄区块 3# 煤层 CO_2 地质存储潜力进行了评价,主要结论如下:

(1) CO_2 地质封存量按大小可分为理论封存量、有效封存量、实际封存量和匹配封存量,各封存量评价准确性和所需评价参数及数据以此升高;根据煤中存在的 CO_2 封存机制和 CSLF 推荐的计算方法,分别建立了沁水盆地和郑庄区块

的 CO_2 理论封存量和有效封存量计算模型;在总结沁水盆地和郑庄区块山西组 $3^{\#}$ 煤储层环境条件、煤层赋存条件和煤储层条件的基础上,建立对应评价区域的 CO_2 封存量地质模型评价参数体系。

(2) 沁水盆地 $3^{\#}$ 煤层 CO_2 理论封存量为 9.72 Gt,气态亚临界区煤层 CO_2 地质封存量占绝大部分,为 76.41%。从 CO_2 减排的环境效应和煤层气增产的经济效益来看,沁水盆地开展 CO_2-ECBM 的工程潜力和经济效益巨大;郑庄区块 $3^{\#}$ 煤 CO_2 理论封存量为 416.18 Mt,气态亚临界区煤层 CO_2 地质封存量占绝大部分,为 43.98%,但从资源丰度的角度来看,类气态超临界区的丰度最高,为 0.6 Mt/km^2。基于 CO_2 可注性和注入后的保存条件的分析,建议郑庄区块 CO_2-ECBM 工程优势选区在类气态超临界区。

8　结论与展望

8.1　结论

本次研究以沁水盆地无烟煤为主要研究对象,利用压汞法、液氮吸附法和低温 CO_2 吸附法开展了多尺度孔隙的定量表征,并通过开展不同湿度、温度、压力、煤级和气体组分的 CO_2/CH_4 等温吸附实验,探讨了温度、煤级、孔隙尺寸等对吸附作用的影响,揭示了无烟煤超临界 CO_2 吸附机制,结合静态封存和溶解封存对沁水盆地和郑庄区块深部 3# 煤层 CO_2 地质封存量进行了潜力评价,取得的主要研究成果和认识如下:

(1) 查明了超临界 CO_2/CH_4 吸附能力与温度、煤级、煤岩组分及孔隙结构参数的关系,计算得到了超临界 CO_2 吸附相密度与吸附相分子层数。

温度和煤级与气体吸附能力相关性较强,煤级和煤岩组分对吸附作用的影响主要取决于微孔发育程度,大孔和中孔对吸附能力贡献不大,微孔孔体积和比表面积与吸附能力具有极高的相关性,微孔含量最高的煤样具有最高的吸附热,表明吸附作用主要发生在微孔。微孔比表面积与 CH_4 吸附能力的相关性显著小于 CO_2 吸附能力与微孔结构参数的相关性,揭示了相对于 CH_4 ,CO_2 更倾向于微孔填充式吸附方式;实验条件下,煤岩的超临界 CO_2 吸附相密度在 $1.066\sim1.131$ g/cm^3 之间,超临界 CO_2 表现为明显的多分子层吸附(平均吸附层数为 $1.04\sim1.7$),且随着温度增加分子层数减小;煤岩的超临界 CO_2 吸附方式在微孔中为体积填充,可填充微孔孔径上限为 1.12 nm,而在大中孔内则表现为多分子层吸附。

(2) 阐明了温度与自由相密度变化对超临界 CO_2 吸附分子层数的控制作用机理,基于孔隙结构(孔径分布)尺寸建立了煤中超临界 CO_2 的微孔填充＋多分子层表面覆盖的综合吸附模式。

温度和自由相密度均是通过改变 CO_2 分子间相互作用的强弱来改变吸附行为,但作用方式不同,温度增加扩大了 CO_2 吸附相分子间距离,吸附相最外侧

CO_2 被挤出吸附势作用范围成为自由相分子,吸附分子层数与吸附量降低,而自由相密度增加对吸附相内分子间距无影响,仅仅减小了最外侧吸附相分子与其相邻自由相分子之间的距离,当该距离减小到自由相分子进入吸附势作用范围时,吸附相分子层与吸附量也随之增加;煤中孔隙的孔径自纳米至微米均有分布,且吸附相分子层数存在最大值,因此存在一个可被完全填充微孔的孔径上限(本次研究为 1.12 nm),将全尺度孔隙中超临界 CO_2 的吸附状态分为两种形式:孔径大于可被完全填充微孔孔径的孔隙中,超临界 CO_2 以多分子层覆盖形式被煤基质表面吸附,小于该孔径的微孔中,超临界 CO_2 以体积填充的形式吸附在孔隙内。此外,由于吸附分子层数随温度和自由相密度变化而变化,因此可被完全填充微孔孔径的上限以及大中孔内表面上吸附相分子层数也会发生变化。

(3)预测了超临界 CO_2 吸附能力随埋深的变化规律,确定了 CO_2 超临界等容线对地层条件下超临界 CO_2 吸附能力控制作用,划分了二段式的超临界 CO_2 吸附特征,揭示了埋深条件下超临界气体性质差异造成的竞争吸附作用。

CO_2 在不同埋深条件下会发生相态转变,不仅表现为气态转变为超临界态,还存在超临界等容线控制的类液态与类气态特征。在埋深增加的情况下,即使 CO_2 进入超临界态,由于其具有类气态的性质,仍然具有较高的压缩性,因此自由相密度的增加促进了更多超临界 CO_2 的吸附形成多分子层;而埋深进一步增加后,超临界 CO_2 表现出类液态的不可压缩或很小压缩性,这时自由相密度对吸附能力增加贡献有限,而温度则表现出越来越强的负效应;据此归纳出埋深条件下 CO_2 的吸附行为的三段式特征,界限分别为 CO_2 成为超临界状态的埋深(沁水盆地 740 m)和 CO_2 密度等于临界点密度对应的埋深(沁水盆地为920 m)。CH_4 临界点温度低,在实际埋深条件下超临界 CH_4 均保持类气态性质,模拟的沁水盆地 1 000~2 000 m 埋深范围内,超临界 CO_2 吸附分子层数为 0.98~1.46,而超临界 CH_4 吸附分子层数明显小于超临界 CO_2,为 0.34~0.79;该条件下相对较高的超临界 CO_2 自由相密度与吸附相密度之比(0.22~0.84)表明其更容易形成多分子层吸附,因此相同埋深条件下煤岩超临界 CO_2 吸附量大于超临界 CH_4,造成吸附量差异的原因为迥异的气体性质。

(4)论述了煤中 CO_2 溶解封存、静态封存和矿化封存机制,模拟了不同封存类型的封存量随埋深的变化趋势,评估了不同封存机制对封存量和安全性的影响。

煤中 CO_2 封存形式为吸附封存、静态封存、溶解封存和矿化封存,静态封存为自由相 CO_2,溶解封存和矿化封存是 CO_2 分别与煤层水和矿物发生的物理化学反应后的产物;埋深条件下煤层 CO_2 地质封存量最大值(SH 煤:干样 63.93

cm^3/g,湿样 51.03 cm^3/g)对应埋深约为 900 m,吸附封存量始终占主导地位（>80%），但占比随埋深增加而降低，静态封存量随埋深增加而增加，1 000 m 时占总封存量约为 10%，2 000 m 时接近总封存量的 20%，溶解封存量始终不超过总封存量的 2%，且随含水量减少而减少；绝对吸附量与游离相 CO_2 之和计算的封存量在评价深部煤层 CO_2 地质封存量时偏差较大，500 m 以浅基本无偏差，900 m 左右偏差最大，约为 20%，CO_2 自由相密度与吸附相密度的不确定性造成了不同计算方法的差异，在评价煤中超临界 CO_2 地质封存量时应尽可能采用过剩吸附量与自由体积量之和的计算方法；虽然矿化封存具有最高的封存安全性，但对煤层 CO_2 地质封存量贡献可忽略，煤层中 CO_2 地质封存安全性应考虑 CO_2 沿断裂带或老井泄漏与未来可能开展的深部煤层开采活动。

（5）建立了煤层 CO_2 理论封存量和有效封存量评价方法体系，估算了沁水盆地和郑庄区块 3# 煤层的 CO_2 地质存储潜力。

根据煤中存在的 CO_2 封存机制和 CSLF 推荐的计算方法，分别建立了沁水盆地和郑庄区块单位质量煤的 CO_2 理论封存量、宏观尺度的理论封存量和有效封存量计算模型；建立了沁水盆地和郑庄区块的 CO_2 封存量地质模型评价参数体系。评价结果表明：沁水盆地 3# 煤层 CO_2 理论封存量为 9.72 Gt，有效封存量为 2.53 Gt。郑庄区块 3# 煤 CO_2 理论封存量为 416.18 Mt，有效封存量为 108.2 Mt，类气态超临界区的 CO_2 封存量丰度最高，为 0.6 Mt/km^2。基于 CO_2 可注性和注入后的保存条件的分析，建议郑庄区块 CO_2-ECBM 工程优先选区在类气态超临界区。

8.2 创新点

（1）查明了超临界 CO_2 在煤中不同孔径孔隙内的吸附状态，揭示了温度和自由相密度变化对多分子层吸附的控制作用，建立了煤中超临界 CO_2 吸附的微孔填充-多分子层覆盖吸附模式。

（2）查明了地层条件下，超临界 CO_2 呈现出类气态和类液态的二段式性质，揭示了不同超临界状态下煤层中超临界 CO_2 吸附状态，阐明了埋深对超临界 CO_2 吸附状态变化的影响规律。

（3）建立了过剩吸附量-全孔隙空间内自由量-溶解量的煤岩 CO_2 地质封存计算方法，计算得到研究区煤层 CO_2 理论封存量和有效封存量。

8.3 展望

（1）煤中超临界 CO_2 吸附机理变化的孔径阈值与煤对 CO_2 的吸收作用

煤中发育的多尺度孔隙空间内,超临界 CO_2 因其较高的密度会在不同孔径孔隙中形成不同的吸附方式,而这种吸附方式也会随着温度、压力以及煤基质表面性质的改变而发生转变,如何通过理论或实验手段准确获得不同吸附行为的孔径阈值是未来研究煤中多尺度孔隙中超临界 CO_2 吸附机理的重要方面;此外部分 CO_2 分子会通过煤大分子空隙和晶格缝隙镶嵌在煤的大分子结构中形成吸收相,如何表征这一相态及其与煤基质表面吸附相的相互关系也是认识煤与超临界 CO_2 相互作用不可忽视的内容。

（2）煤中超临界 CO_2 吸附封存量的准确评价

目前 CO_2 的绝对吸附量是通过等温吸附实验测得的过剩吸附量利用吸附相密度换算得到,因此吸附相密度的选择对准确获得绝对吸附量尤为重要,而真实吸附相密度为自煤孔壁表面向孔隙中心递减的变量,在计算绝对吸附量时是否利用吸附相密度（无论是假设值还是实验推导值）值得商榷。通过分子模拟手段、气-固间势能方程、气体状态方程等计算的吸附相密度是今后解决吸附相密度无法测定的重要途径。另一方面,在评价地层条件下煤层 CO_2 吸附封存量时应考虑应力作用下的吸附能力,这与目前广泛开展的开放空间内煤粉或煤块的 CO_2 等温吸附实验条件有差异,可能导致实验室条件下对吸附封存量的过高估计,因此未来也应开展更多三维覆压条件下的吸附实验。

（3）深部煤层 CO_2 地质封存安全性理论与环境风险性评价

保证煤层中 CO_2 长期稳定的封存,防止在后期地下流体运动和构造活动中的泄露是 CO_2 地质封存安全性理论的目标,通过风险识别、评估和控制,提出针对潜在安全风险的对策与解决方法。深部煤层 CO_2 地质封存安全性理论主要涉及长时间埋藏后封存安全性最高的矿化封存效应,断层构造与非渗透性岩层对煤层中流体的圈闭作用与封盖作用以及未来可能的煤炭资源开采对煤中 CO_2 释放的影响。深部不可采煤层在注入 CO_2 后,如果选址不当或注入方式不合理可能造成 CO_2 的泄漏,造成地下会污染、土壤酸化等严重的环境问题,不仅不能解决煤层中 CO_2 有效的地质封存,还会造成环境进一步恶化。为评估煤中 CO_2 地质封存后的潜在环境风险,需结合工程和地质条件开展定性或定量的环境风险性评价。

变量注释表

$m_{过剩}$	等温吸附实验中吸附气体的质量（g）
P	压力（MPa）
T	温度（℃）
i	第 i 次注气过程
M	气体的摩尔质量（g/mol）
Z	气体的压缩系数
R	通用气体常数
ΔV	活塞泵变化体积（cm³）
$V_{空}$	样品缸自由体积（cm³）
n_0	最大吸附能力（mmol/g）
K_0	Langmuir 常数（MPa^{-1}）
ρ_g	自由相气体密度
ρ_a	吸附相密度（cm³/g）
k	与吸附膨胀引起的吸附量变化相关的常数
α	不同吸附类型占比（$0<\alpha<1$）
E_1	吸附位对应的吸附能（kJ）
E_2	吸收位对应的吸附能（kJ）
A_1	E_1 对应的吸附热力学参数
A_2	E_2 对应的吸附热力学参数
K_0	吸附常数（MPa^{-1}）
V_a	吸附相体积（cm³）
D	反映吸附热和吸附质与吸附剂之间关系的常数

k	吸附量矫正系数
n_1	微孔填充的最大吸附量(mmol/g)
n_2	单分子层的最大吸附量(mmol/g)
P_L	Langmuir 压力(MPa)
PGIP	煤层可产气量(t)
ER	CO_2/CH_4 置换率(%)
A_{coal}	目标煤层面积(km^2)
h	目标煤层厚度(m)
V_f	单位体积煤中 CO_2 游离量(cm^3)
E	煤中 CO_2 储层的有效因子
M_v	煤储层中自由 CO_2 的质量(t)
M_w	溶解在煤储层水中的 CO_2 质量(t)
M_{ads}	目标区煤的剩余探明地质储量中总的 CO_2 吸附量(t)
M_a	目标区煤的新增探明地质储量中总的 CO_2 吸附量(t)
G	煤层气资源量(m^3)
RF	煤层气采收率(%)
C_{ER}	目标煤层中 CO_2 与 CH_4 的置换率(%)
R_ω	煤层中水的采收率(%)
g_{CS}	煤层含气量(m^3/t)
$C_{CO_2,\omega}$	水中 CO_2 的溶解率(mg/L)
n	平衡温度压力点下的吸附量(mmol/g)
V_R	参考缸体积(cm^3)
P_{R1}	注气前参考缸内压力(MPa)
Z_{R1}	注气前参考缸内气体压缩因子
P_{R2}	注气后参考缸内压力(MPa)
Z_{R2}	注气后参考缸内气体压缩因子
V_0	吸附缸内除煤样骨架体积的空体积(cm^3)
Z_S	吸附缸内气体压缩因子

n_{exc}	给定温度与平衡压力下的过剩吸附量（mmol/g）
n_{ab}	绝对吸附量（mmol/g）
β	反映气体分子与吸附剂相互关系的常数
A_a	吸附剂总的比表面积（cm^2）
σ	单个吸附质分子的平均延展范围（nm）
λ	平均吸附层数
A_v	阿伏伽德罗常数，6.022×10^{23}
φ	孔隙度（%）
ρ_w	地下水密度（g/cm^3）
$X_0^{CO_2}$	溶解于储层水中的 CO_2 含量（质量分数）（%）
y_{CO_2}	相中 CO_2 摩尔分数（g/mol）
m_{CO_2}	CO_2 在溶液中的溶解度（mol/kg）
$u_{CO_2}^{l(0)}$	液相中 CO_2 标准化学势（kJ/mol）
$u_{CO_2}^{v(0)}$	气相中 CO_2 标准化学势（kJ/mol）
$\varphi_{CO_2}(T,P,y)$	气相中 CO_2 摩尔分数为 y 时的逸度系数
$\gamma_{CO_2}(T,P,m)$	液相中 CO_2 溶解为 m 时的活度系数
$m_{矿化}$	CO_2 矿化封存量（mg/g）
V_n	网格 n 的体积（cm^3）
V_c	固碳矿物的体积分数（%）
φ_n	网格 n 的孔隙度（%）
$W_{CO_2,a}$	CO_2 在固碳矿物中的质量分数（%）
ρ_{rock}	岩石平均密度（g/cm^3）
G_{MF}	煤层气游离气量（t）
ρ_c	煤岩视密度（g/cm^3）
ρ_t	煤岩真密度（g/cm^3）
S_w	含水饱和度（%）
B	甲烷体积系数
V_{CO_2}	低温 CO_2 吸附法测得的微孔孔体积（cm^3）

m	单位质量煤岩 CO_2 总封存量(mg/g)
m_{exc}	单位质量煤岩 CO_2 过剩吸附量(mg/g)
m_{v0}	单位质量煤岩总孔隙体积对应的 CO_2 含量(mg/g)
m_s	单位质量煤岩孔隙水中 CO_2 溶解量(mg/g)
N_0	煤样饱和吸附量(mmol/g)
S_{CO_2}	某温度压力下 CO_2 在纯水中的溶解度(mmol/L)
V_{Hg}	压汞法测得的大中孔孔体积(cm^3)
M_t	煤层理论存储容量(t)
M_e	煤层 CO_2 有效封存量(t)
C	煤层垂向上封存比

参 考 文 献

ALEMU B L,AAGAARD P,MUNZ I A,et al. ,2011. Caprock interaction with CO_2 : A laboratory study of reactivity of shale with supercritical CO_2 and brine[J]. Applied geochemistry,26(12):1975-1989.

AMINU M D,NABAVI S A,ROCHELLE C A,et al. ,2017. A review of developments in carbon dioxide storage[J]. Applied energy,208:1389-1419.

AN F,CHENG Y,WU D,et al. ,2013. The effect of small micropores on methane adsorption of coals from Northern China[J]. Adsorption,19(1):83-90.

AND J S B,BHATIA S K,2006. High-pressure adsorption of methane and carbon dioxide on coal[J]. Energy & fuels,20(6):2599-2607.

ARRI L E,DAN Y,MORGAN W D,et al. ,1992. Modeling coalbed methane production with binary gas sorption[J]. Society of petroleum engineers,76: 450-472.

ARTEMENKO S,KRIJGSMAN P,MAZUR V,2017. The Widom line for supercritical fluids[J]. Journal of molecular liquids,238:122-127.

AYERS W B,2002. Coalbed gas systems resources,and production and a review of contrasting cases from the San Juan and Powder River basins [J]. AAPG bulletin,86(11):1853-1890.

BACHU S,2003. Screening and ranking of sedimentary basins for sequestration of CO_2 ,in geological media in response to climate change[J]. Environmental geology,44(3):277-289.

BACHU S,2008. CO_2 storage in geological media:Role,means,status and barriers to deployment[J]. Progress in energy & combustion science,34(2): 254-273.

BACHU S,BONIJOLY D,BRADSHAW J,et al. ,2007. CO_2 storage capacity estimation:Methodology and gaps[J]. International journal of greenhouse gas control,1(4):430-443.

BAE J S,BHATIA S K,2006. High-pressure adsorption of methane and carbon dioxide on coal[J]. Energy & fuels,20(6):2599-2607.

BAE J S,Bhatia S K,Rudolph V,et al. ,2009. Pore accessibility of methane and carbon dioxide in coals[J]. Energy & fuels,23(6):3319-3327.

BASANTA K P, 2008. Sorption of methane and CO₂ for enhanced coalbed methane recovery and carbon dioxide sequestration [J]. Journal of natural gas chemistry (India),17(1):29-38.

BATTISTUTTA E,EFTEKHARI A A,BRUINING H,et al. ,2012. Manometric sorption measurements of CO₂ on moisture-equilibrated bituminous coal[J]. Energy & fuels,26(1),746-752.

BENSON S M,COLE D R,2008. CO₂ sequestration in deep sedimentary formations[J]. Elements,4(5):325-331.

BERING B P,DUBININ M M,SERPINSKY V V,1966. Theory of volume filling for vapor adsorption[J]. Journal of colloid and interface science,21(4):378-393.

BRADSHAW J,BACHU S,BONIJOLY D,et al. ,2007. CO₂ storage capacity estimation:Issues and development of standards[J]. International journal of greenhouse gas control,1(1):62-68.

BUSCH A,GENSTERBLUM Y,KROOSS B M,2003. Methane and CO₂ sorption and desorption measurements on dry Argonne premium coals: pure components and mixtures[J]. International journal of coal geology,55(2-4):205-224.

BUSCH A,GENSTERBLUM Y,KROOSS B M,et al. ,2004. Methane and carbon dioxide adsorption-diffusion experiments on coal:upscaling and modeling[J]. International Journal of coal geology,60(2-4):151-168.

BUSCH A,GENSTERBLUM Y,KROOSS B M,et al. ,2006. Investigation of high-pressure selective adsorption/desorption behaviour of CO₂ and CH₄ on coals:An experimental study[J]. International journal of coal geology,66(1-2):53-68.

BUSCH A,GENSTERBLUM Y,2011. CBM and CO₂-ECBM related sorption processes in coal:a review[J]. International journal of coal geology,87(2):49-71.

BUSTIN R M,CLARKSON C R,1998. Geological controls on coalbed methane reservoir capacity and gas content[J]. International journal of coal geology,

38(1-2):3-26.

CAI Y,LIU D,YAO Y,et al.,2011. Geological controls on prediction of coalbed methane of No. 3 coal seam in Southern Qinshui Basin,North China[J]. International journal of coal geology,88(2-3):101-112.

CHALMERS G R L,BUSTIN R M,2007. On the effects of petrographic composition on coalbed methane sorption[J]. International journal of coal geology,69(4):288-304.

CHAREONSUPPANIMIT P,MOHAMMAD S A,ROBINSON R L,et al., 2012. High-pressure adsorption of gases on shales:Measurements and modeling[J]. International journal of coal geology,95:34-46.

CHARRIÈRE D, BEHRAP, 2010. Water sorption on coals [J]. Journal of colloid & interface science,344(2):460.

CHARRIÈRE D, POKRYSZKA Z, BEHRA P, 2010. Effect of pressure and temperature on diffusion of CO_2 and CH_4 into coal from the Lorraine basin (France)[J]. International journal of coal geology,81(4):373-380.

CHEN H,JIANG B,CHEN T,et al.,2017. Experimental study on ultrasonic velocity and anisotropy of tectonically deformed coal[J]. International journal of coal geology,179:242-252.

CHEN M,KANG Y,ZHANG T,et al.,2018. Methane adsorption behavior on shale matrix at in-situ pressure and temperature conditions:Measurement and modeling[J]. Fuel,228:39-49.

CHEN Y,QIN Y,LI Z,et al.,2019. Differences in desorption rate and composition of desorbed gases between undeformed and mylonitic coals in the Zhina Coalfield,Southwest China[J]. Fuel,239:905-916.

CIEMBRONIEWICZ A,MARECKA A,1993. Kinetics of CO_2 sorption for two Polish hard coals [J]. Fuel,72(3):405-408.

CLARKSON C R,BUSTIN R M,1999a. The effect of pore structure and gas pressure upon the transport properties of coal:A laboratory and modeling study. 1. Isotherms and pore volume distributions [J]. Fuel, 78 (11): 1333-1344.

CLARKSON C R,BUSTIN R M,1999b. The effect of pore structure and gas pressure upon the transport properties of coal:A laboratory and modeling study. 2. Adsorption rate modeling[J]. Fuel,78(11):1345-1362.

CLARKSON C R,BUSTIN R M,2000. Binary gas adsorption/desorption isotherms:Effect of moisture and coal composition upon carbon dioxide selectivity over methane[J]. International journal of coal geology, 42 (4): 241-271.

CREDOZ A, BILDSTEIN O, JULLIEN M, et al., 2011. Mixed-layer illite-smectite reactivity in acidified solutions:Implications for clayey caprock stability in CO_2 geological storage[J]. Applied clay science,53(3):402-408.

CROSDALE P J, MOORE T A, MARES T E, 2008. Influence of moisture content and temperature on methane adsorption isotherm analysis for coals from a low-rank,biogenically-sourced gas reservoir[J]. International journal of coal geology,76(1-2):166-174.

CUI X, BUSTIN R M, DIPPLE G, 2004. Selective transport of CO_2, CH_4, and N_2 in coals:insights from modeling of experimental gas adsorption data[J]. Fuel,83(3):293-303.

DALGAARD T, OLESEN J E, PETERSEN S O, et al., 2011. Developments in greenhouse gas emissions and net energy use in Danish agriculture-How to achieve substantial CO_2 reductions? [J]. Environmental pollution,159(11): 3193-3203.

DAMEN K, FAAIJ A, VAN BERGEN F, et al., 2005. Identification of early opportunities for CO_2 sequestration-worldwide screening for CO_2-EOR and CO_2-ECBM projects[J]. Energy,30(10):1931-1952.

DAY S, SAKUROVS R, WEIR S, 2008. Supercritical gas sorption on moist coals[J]. International journal of coal geology,74(3):203-214.

DAY S, DUFFY G, SAKUROVS R, et al., 2008. Effect of coal properties on CO_2 sorption capacity under supercritical conditions[J]. International journal of greenhouse gas control,2(3):342-352.

DE SILVA P N K, RANJITH P G, CHOI S K, 2012. A study of methodologies for CO_2 storage capacity estimation of coal[J]. Fuel,91(1):1-15.

DO D D, DO H D, 2003. Adsorption of supercritical fluids in non-porous and porous carbons:Analysis of adsorbed phase volume and density[J]. Carbon, 41(9):1777-1791.

DREISBACH F, STAUDT R, KELLER J U, 1999. High Pressure Adsorption Data of Methane, Nitrogen, Carbon Dioxide and their Binary and Ternary Mixtures on Activated Carbon[J]. Adsorption,5(3):215-227.

DUAN Z, SUN R, 2003. An improved model calculating CO_2 solubility in pure water and aqueous NaCl solutions from 273 to 533 K and from 0 to 2000 bar [J]. Chemical geology,193(3-4):257-271.

DUTTA P,BHOWMIK S,DAS S,2011. Methane and carbon dioxide sorption on a set of coals from India[J]. International journal of coal geology,85 (3-4):289-299.

FAIZ M M,SAGHAFI A,BARCLAY S A,et al. ,2007. Evaluating geological sequestration of CO_2 in bituminous coals:The southern Sydney Basin,Australia as a natural analogue[J]. International journal of greenhouse gas control,1(2):223-235.

FAIZ M,SAGHAFI A,SHERWOOD N,et al. ,2007. The influence of petrological properties and burial history on coal seam methane reservoir characterisation,Sydney Basin,Australia[J]. International journal of coal geology, 70(1-3):193-208.

FENG Z,CAI T,DONG Z,et al. ,2017. Temperature and deformation changes in anthracite coal after methane adsorption[J]. Fuel,192:27-34.

FITZGERALD J E,PAN Z,SUDIBANDRIYO M,et al. ,2005. Adsorption of methane,nitrogen,carbon dioxide and their mixtures on wet Tiffany coal [J]. Fuel,84(18):2351-2363.

FITZGERALD J E,ROBINSON R L,GASEM K A M,2006. Modeling high-pressure adsorption of gas mixtures on activated carbon and coal using a simplified local-density model[J]. Langmuir,22(23):9610-9618.

FOKKER P A,VAN DER MEER L G H,2004. The injectivity of coal bed CO_2 injection wells[J]. Energy,29(9-10):1423-1429.

FOMIN Y D,RYZHOV V N,TSIOK E N,et al. ,2015. Thermodynamic properties of supercritical carbon dioxide:Widom and Frenkel lines[J]. Physical review e,91(2):022111.

GALE J,FREUND P,2001. Coal-bed methane enhancement with CO_2 sequestration worldwide potential[J]. Environmental geosciences,8(3):210-217.

GENSTERBLUM Y,MERKEL A,BUSCH A,et al. ,2013. High-pressure CH_4 and CO_2 sorption isotherms as a function of coal maturity and the influence of moisture[J]. International journal of coal geology,118:45-57.

GENSTERBLUM Y,VAN HEMERT P,BILLEMONT P,et al. ,2010. European inter-laboratory comparison of high pressure CO_2 sorption isotherms Ⅱ:Natural coals[J]. International journal of coal geology,84(2):115-124.

GODEC M,KOPERNA G,GALE J,2014. CO_2-ECBM:A review of its status and global potential[J]. Energy procedia,63:5858-5869.

GOODARZI S,SETTARI A,KEITH D,2012. Geomechanical modeling for CO_2,storage in Nisku aquifer in Wabamun Lake area in Canada[J]. International journal of greenhouse gas control,10(10):113-122.

GOODMAN A L,BUSCH A,BUSTIN R M,et al.,2007. Inter-laboratory comparison II:CO_2 isotherms measured on moisture-equilibrated Argonne premium coals at 55 ℃ and up to 15 MPa[J]. International journal of coal geology,72(3):153-164.

GOODMAN A,HAKALA A,BROMHAL G,et al.,2011. US DOE methodology for the development of geologic storage potential for carbon dioxide at the national and regional scale[J]. International journal of greenhouse gas control,5(4):952-965.

GOODMAN A L,CAMPUS L M,SCHROEDER K T,2005. Direct evidence of carbon dioxide sorption on Argonne premium coals using attenuated total reflectance-fourier transform infrared spectroscopy[J]. Energy & fuels,19 (2):471-476.

GRUSZKIEWICZ M S,NANEY M T,BLENCOE J G,et al.,2009. Adsorption kinetics of CO_2,CH_4,and their equimolar mixture on coal from the Black Warrior Basin,West-Central Alabama[J]. International journal of coal geology,77(1-2):23-33.

GUAN C,LIU S,LI C,et al.,2017. The temperature effect on the methane and CO_2 adsorption capacities of illinois coal[J]. Fuel,211(1):241-250.

GUEVARA-CARRION G,ANCHERBAK S,MIALDUN A,et al.,2019. Diffusion of methane in supercritical carbon dioxide across the Widom line[J]. Scientific report,9:1-14.

GUNTER W D,WIWEHAR B,PERKINS E H,1997. Aquifer disposal of CO_2-rich greenhouse gases:Extension of the time scale of experiment for CO_2-sequestering reactions by geochemical modelling[J]. Mineralogy and petrology,59(1):121-140.

GUNTER W D,WONG S,CHEEL D B,et al.,1998. Large CO_2 sinks:Their role in the mitigation of greenhouse gases from an international,national (Canadian) and provincial (Alberta) perspective[J]. Applied energy,61 (4):209-227.

GUNTER W D, MAVOR M J, ROBINSON J R, 2004. CO_2 storage and en-
hanced methane production: Field testing at Fenn-Big Valley, Alberta, Cana-
da, with application[C]. Proceedings of the 7th International Conference on
Greenhouse Gas Control Technologies (GHGT-7): 413-422.

HALL F E, ZHOU C, GASEM K A M, et al., 1994. SPE Paper 29194[C].
Presented at the 1994 Eastern Regional Conference and Exhibition, Charles-
ton, WV: 329-344.

HAMELINCK C, FAAIJ A, TURKENBURG W, et al., 2002. CO_2 enhanced
coalbed methane production in the Netherlands[J]. Energy, 27(7): 647-674.

HAN S, SANG S, ZHOU P, et al., 2017. The evolutionary history of methane
adsorption capacity with reference to deep Carboniferous-Permian coal
seams in the Jiyang Sub-basin: Combined implementation of basin modeling
and adsorption isotherm experiments[J]. Journal of petroleum science and
engineering, 158: 634-646.

HAN S, SANG S, LIANG J, et al., 2019. Supercritical CO_2 adsorption in a sim-
ulated deep coal reservoir environment, implications for geological storage
of CO_2 in deep coals in the southern Qinshui Basin, China[J]. Energy sci-
ence & engineering, 7(2): 488-503.

HARPALANI S, PRUSTY B K, DUTTA P, 2006. Methane/CO_2 sorption mod-
eling for coalbed methane production and CO_2 sequestration[J]. Energy &
fuels, 20(4): 1591-1599.

HAYDEL J J, KOBAYASHI R, 1967. Adsorption equilibria in methane-pro-
pane-silica gel system at high pressures[J]. Industrial & engineering chem-
istry fundamentals, 6(4): 546-554.

HILDENBRAND A, KROOSS B M, BUSCH A, et al., 2006. Evolution of
methane sorption capacity of coal seams as a function of burial history-a
case study from the Campine Basin, NE Belgium[J]. International journal of
coal geology, 66(3): 179-203.

HUMAYUN R, TOMASKO D L, 2000. High-resolution adsorption isotherms
of supercritical carbon dioxide on activated carbon[J]. American institute of
chemical engineers journal, 46(10): 2065-2075.

INTERNATIONAL ENERGY AGENCY, 2019. Global energy & CO_2 status
report: The latest trends in energy and emissions in 2018[R]. France, Inter-
national energy agency publications: 1-29.

JIA J,SANG S,CAO L,et al. ,2018. Characteristics of CO_2/supercritical CO_2 adsorption-induced swelling to anthracite:An experimental study[J]. Fuel, 216:639-647.

JOUBERT J I,GREINC T,BIENSTOCK D,1973. Sorption of methane in moist coal[J]. Fuel,52(3):181-185.

KANEKO K,MURATA K,1997. An analytical method of micropore filling of a supercritical gas[J]. Adsorption-journal of the international adsorption society,3(3):197-208.

KAPILA R V,CHALMERS H,HASZELDINE S,et al. ,2011. CCS prospects in India:Results from an expert stakeholder survey[J]. Energy procedia,4: 6280-6287.

KARACAN C Ö,2007. Swelling-induced volumetric strains internal to a stressed coal associated with CO_2 sorption[J]. International journal of coal geology,72(3-4):209-220.

KELLER J U,ZIMMERMANN W,SCHEIN E,2003. Determination of absolute gas adsorption isotherms by combined calorimetric and dielectric measurements[J]. Adsorption,9(2):177-188.

LACKNER K S,2003. A guide to CO_2 sequestration[J]. Science,300(5626): 1677-1678.

LAMBERSON M N,BUSTIN R M,1993. Coalbed methane characteristics of Gates Formation coals,northeastern British Columbia:Effect of maceral composition[J]. AAPG bulletin,77(12):2062-2076.

LARSEN J W,2004. The effects of dissolved CO_2 on coal structure and properties[J]. International journal of coal geology,57(1):63-70.

LAXMINARAYANA C,CROSDALE P J,2002. Controls on Methane Sorption Capacity of Indian Coals[J]. AAPG bulletin,86(2):201-212.

LE QUÉRÉ C,ANDREW R M,FRIEDLINGSTEIN P,et al. ,2018. Global carbon budget 2018[J]. Earth system science data (online),10(4):2141-2194.

LEVY J H,DAY S J,KILLINGLEY J S,1997. Methane capacities of Bowen Basin coals related to coal properties[J]. Fuel,76(9):813-819.

LI D,LIU Q,WENIGER P,et al. ,2010. High-pressure sorption isotherms and sorption kinetics of CH_4 and CO_2 on coals[J]. Fuel,89(3):569-580.

LI J, WU K,CHEN Z,et al. ,2019. On the Negative Excess Isotherms for Methane Adsorption at High Pressure:Modeling and Experiment[J]. Society of petroleum engineers journal, 24(6):2504-2525.

LI X, WEI N, LIU Y, et al., 2009. CO_2 point emission and geological storage capacity in China[J]. Energy procedia, 1(1):2793-2800.

LI S, TANG D, XU H, et al., 2012. Advanced characterization of physical properties of coals with different coal structures by nuclear magnetic resonance and X-ray computed tomography [J]. Computers & geosciences, 48: 220-227.

LIU X, HE X, 2017. Effect of pore characteristics on coalbed methane adsorption in middle-high rank coals[J]. Adsorption, 23(1):3-12.

LIU Y, HOU M, YANG G, et al., 2011. Solubility of CO_2 in aqueous solutions of NaCl, KCl, $CaCl_2$ and their mixed salts at different temperatures and pressures[J]. Journal of supercritical fluids, 56(2):125-129.

LIU Y, LI X, 2009. Primary Estimation of Capacity of CO_2 Geological Storage in China[C]//2009 3rd International Conference on Bioinformatics and Biomedical Engineering. IEEE:1-4.

LIU H, SANG S, WANG G, et al., 2014. Block scale investigation on gas content of coalbed methane reservoirs in southern Qinshui basin with statistical model and visual map[J]. Journal of petroleum science and engineering, 114:1-14.

LIU Y, WILCOX J, 2012. Molecular simulation of CO_2 adsorption in micro-and mesoporous carbons with surface heterogeneity[J]. International journal of coal geology, 104:83-95.

LU P, FU Q, SEYFRIED W E, et al., 2013. Coupled alkali feldspar dissolution and secondary mineral precipitation in batch systems-2: New experiments with supercritical CO_2 and implications for carbon sequestration[J]. Applied geochemistry, 30:75-90.

MAJEWSKA Z, CEGLARSKA-STEFAŃSKA G, MAJEWSKI S, et al., 2009. Binary gas sorption/desorption experiments on a bituminous coal: Simultaneous measurements on sorption kinetics, volumetric strain and acoustic emission[J]. International journal of coal geology, 77(1-2):90-102.

MARKOWSKI A K, 1998. Coalbed methane resource potential and current prospects in Pennsylvania[J]. International journal of coal geology, 38(1-2):137-159.

MASTALERZ M, GLUSKOTER H, RUPP J, 2004. Carbon dioxide and methane sorption in high volatile bituminous coals from Indiana, USA[J]. International journal of coal geology, 60(1):43-55.

MAVOR M J, HARTMAN C, PRATT T J, 2004. Uncertainty in sorption isotherm measurements[C]. 2004 CBM Symposium, Tuscaloosa, Alabama:14.

MENG Z, ZHANG J, WANG R, 2011. In-situ stress, pore pressure and stress-dependent permeability in the Southern Qinshui Basin[J]. International journal of rock mechanics and mining sciences, 48(1):122-131.

MILEWSKA-DUDA J, NODZEŃSKI A, et al., 2000. Absorption and adsorption of methane and carbon dioxide in hard coal and active carbon[J]. Langmuir, 16(12):5458-5466.

MOORE A T, 2012. Coalbed methane: A review[J]. International journal of coal geology, 101(6):36-81.

MOSHER K, HE J, LIU Y, et al., 2013. Molecular simulation of methane adsorption in micro- and mesoporous carbons with applications to coal and gas shale systems[J]. International journal of coal geology, 109-110:36-44.

MUKHERJEE M, MISRA S, 2018. A review of experimental research on Enhanced Coal Bed Methane (ECBM) recovery via CO_2 sequestration[J]. Earth-science reviews, 179, 392-410.

NAVEEN P, ASIF M, OJHA K, et al., 2017. Sorption kinetics of CH_4 and CO_2 diffusion in coal: theoretical and experimental study[J]. Energy & fuels, 31(7):6825-6837.

OKOLO G N, EVERSON C, NEOMAGUS H W, et al., 2019. The carbon dioxide, methane and nitrogen high-pressure sorption properties of South African bituminous coals[J]. International journal of coal geology, 209:40-53.

OTTIGER S, PINI R, STORTI G, et al., 2006. Adsorption of pure carbon dioxide and methane on dry coal from the Sulcis Coal Province (SW Sardinia, Italy)[J]. Environmental progress, 25(4):355-364.

OTTIGER S, PINI R, STORTI G, et al., 2008. Measuring and modeling the competitive adsorption of CO_2, CH_4, and N_2 on a dry coal[J]. Langmuir, 24(17):9531-9540.

OZDEMIR E, AND B I M, SCHROEDER K, 2003. Importance of volume effects to adsorption isotherms of carbon dioxide on coals[J]. Langmuir, 19(23):9764-9773.

OZDEMIR E, 2017. Dynamic nature of supercritical CO_2 adsorption on coals

[J]. Adsorption, 23(1):25-36.

OZDEMIR E, MORSI B I, SCHROEDER K, 2004. CO_2 adsorption capacity of Argonne premium coals[J]. Fuel, 83(7):1085-1094.

PAN Z, YE J, ZHOU F, et al., 2018. CO_2 storage in coal to enhance coalbed methane recovery: A review of field experiments in China[J]. International geology review, 60(5-6):754-776.

PASHIN J C, 1998. Stratigraphy and structure of coalbed methane reservoirs in the United States: An overview[J]. International journal of coal geology, 35 (1-4):209-240.

PASHIN J C, 2010. Variable gas saturation in coalbed methane reservoirs of the Black Warrior Basin: Implications for exploration and production[J]. International journal of coal geology, 82(3-4):135-146.

PASHIN J C, MCINTYRE M R, 2003. Temperature-pressure conditions in coalbed methane reservoirs of the Black Warrior basin: Implications for carbon sequestration and enhanced coalbed methane recovery[J]. International journal of coal geology, 54(3-4):167-183.

PASHIN J C, CLARK P E, MCINTYRE-REDDEN M R, et al., 2015. SECARB CO_2 injection test in mature coalbed methane reservoirs of the Black Warrior Basin, Blue Creek Field, Alabama[J]. International journal of coal geology, 144:71-87.

PINI R, OTTIGER S, STORTI G, et al., 2009. Pure and competitive adsorption of CO_2, CH_4 and N_2 on coal for ECBM [J]. Energy procedia, 1(1): 1705-1710.

PINI R, OTTIGER S, BURLINI L, et al., 2010. Sorption of carbon dioxide, methane and nitrogen in dry coals at high pressure and moderate temperature[J]. International journal of greenhouse gas control, 4(1):90-101.

PRINZ D, LITTKE R, 2005. Development of the micro- and ultramicroporous structure of coals with rank as deduced from the accessibility to water[J]. Fuel, 84(12-13):1645-1652.

QIN Y, MOORE T A, SHEN J, et al., 2018. Resources and geology of coalbed methane in China: A review[J]. International geology review, 60(5-6): 777-812.

RANATHUNGA A S, PERERA M S A, RANJITH P G, et al., 2017. Effect of Coal Rank on CO_2 Adsorption Induced Coal Matrix Swelling with Different

CO₂ Properties and Reservoir Depths [J]. Energy & fuels, 31 (5): 5297-5305.

REEVES S R, 2004. The Coal-seq Project: Key Results from Field, Laboratory and Modeling Studies [A]//Advanced Resources International, Inc., Proc of the 7th International Conference on Greenhouse Gas Control Technologies (GHGT-7), UK Oxford: Elsevier science: 544-548.

REEVES S R, 2009. An overview of CO₂-ECBM and sequestration in coal seams[M]//GROBE M, PASHIN J C, DODGE R L, et al., Carbon dioxide sequestration in geological media—State of the science: Tulsa, USA: AAPG Studies in Geology, 59: 17-32.

REXER T F T, BENHAM M J, APLIN A C, et al., 2013. Methane adsorption on shale under simulated geological temperature and pressure conditions [J]. Energy & fuels, 27(6): 3099-3109.

ROSENBAUER R J, KOKSALAN T, PALANDRI J L, 2005. Experimental investigation of CO₂-brine-rock interactions at elevated temperature and pressure: Implications for CO₂ sequestration in deep-saline aquifers[J]. Fuel processing technology, 86(14-15): 1581-1597.

RYAN B, LANE B, 2001. Adsorption characteristics of coals with special reference to the Gething Formation, Northeast British Columbia[J]. Geological fieldwork: 2002-1.

SAGHAFI A, FAIZ M, ROBERTS D, 2007. CO₂ storage and gas diffusivity properties of coals from Sydney Basin, Australia[J]. International journal of coal geology, 70(1-3): 240-254.

SAKUROVS R, DAY S, WEIR S, et al., 2008. Temperature dependence of sorption of gases by coals and charcoals[J]. International journal of coal geology, 73(3-4): 250-258.

SAKUROVS R, DAY S, WEIR S, 2009. Causes and consequences of errors in determining sorption capacity of coals for carbon dioxide at high pressure [J]. International journal of coal geology, 77(1-2): 16-22.

SAKUROVS R, DAY S, WEIR S, 2010. Relationships between the critical properties of gases and their high pressure sorption behavior on coals[J]. Energy & fuels, 24(3): 1781-1787.

SAUNDERS J T, TSAI B M C, YANG R T, 1985. Adsorption of gases on coals and heat-treated coals at elevated temperature and pressure[J]. Fuel, 64(5):

621-626.

SHAN Y,GUAN D,ZHENG H,et al. ,2018. China CO_2 emission accounts 1997—2015[J]. Scientific data,5:170-201.

SIEMONS N,WOLF K H A A,BRUINING J,2007. Interpretation of carbon dioxide diffusion behavior in coals[J]. International journal of coal geology, 72(3-4):315-324.

SIRCAR S,1999. Gibbsian surface excess for gas adsorption revisited[J]. Industrial & engineering chemistry research,38(10):3670-3682.

SONG X,LV X,SHEN Y,et al. ,2018. A modified supercritical Dubinin-Radushkevich model for the accurate estimation of high pressure methane adsorption on shales[J]. International journal of coal geology,193:1-15.

SONG Y,XING W,ZHANG Y,et al. ,2015. Adsorption isotherms and kinetics of carbon dioxide on Chinese dry coal over a wide pressure range[J]. Adsorption,21(1-2):53-65.

STEVENSON M D,PINCZEWSKI W V,SOMERS M L,et al. ,1991. Adsorption/Desorption of multicomponent gas mixtures at in-seam conditions [A]//SPE Asia-Pacific Conference [C]. Australia perth:society of petroleum engineers:741.

STOECKLI H F,1990. Microporous carbons and their characterization:The present state of the art[J]. Carbon,28(1):1-6.

SU X,LIN X,ZHAO M,et al. ,2005. The upper Paleozoic coalbed methane system in the Qinshui basin,China [J]. AAPG bulletin,89(1):81-100.

SUDIBANDRIYO M,PAN Z,FITZGERALD J E,et al. ,2003. Adsorption of methane,nitrogen,carbon dioxide,and their binary mixtures on dry activated carbon at 318. 2 K and pressures up to 13. 6 MPa[J]. Langmuir,19(13): 5323-5331.

TANG X,RIPEPI N,STADIE N P,et al. ,2016. A dual-site Langmuir equation for accurate estimation of high pressure deep shale gas resources[J]. Fuel, 185:10-17.

TANG X,RIPEPI N,2017. High pressure supercritical carbon dioxide adsorption in coal:Adsorption model and thermodynamic characteristics[J]. Journal of CO_2 utilization,18:189-197.

TENG J,YAO Y,LIU D,et al. ,2015. Evaluation of coal texture distributions in the southern Qinshui basin,North China:Investigation by a multiple geophysical logging method[J]. International journal of coal geology,140:9-22.

TOLÓN BECERRA A,PÉREZ-MARTiNEZ P,LASTRA-BRAVO X,et al.，2012. A methodology for territorial distribution of CO_2,emission reductions in transport sector[J]. International journal of energy research,36(14)：1298-1313.

VAN BERGEN F,PAGNIER H J M,KROOSS B M,et al.，2001. CO_2-sequestration in the Netherlands：Inventory of the potential for the combination of subsurface carbon dioxide disposal with enhanced coalbed methane production. In：Williams D,Durie R,McMullan P,Paulson C,Smith A（Eds.），Proceedings of the 5th International Conference on Greenhouse Gas Control Technologies[C]. CSIRO publishing,collingwood,VIC,Australia：555-560.

VAN BERGEN F,KRZYSTOLIK P,VAN WAGENINGEN N,et al.，2009. Production of gas from coal seams in the Upper Silesian Coal Basin in Poland in the post-injection period of an ECBM pilot site[J]. International journal of coal geology,77(1):175-187.

WANG S,PAN J,JU Y,et al.，2017. The super-Micropores in macromolecular structure of tectonically deformed coal using high-resolution transmission electron microscopy[J]. Journal of nanoscience & nanotechnology,17(9)：6982-6990.

WANG G,QIN Y,XIE Y,et al.，2015. The division and geologic controlling factors of a vertical superimposed coalbed methane system in the northern Gujiao blocks,China[J]. Journal of natural gas science and engineering,24：379-389.

WATSON M N,ZWINGMANN N,LEMON N M,2004. The Ladbroke Grove-Katnook carbon dioxide natural laboratory：A recent CO_2 accumulation in a lithic sandstone reservoir[J]. Energy,29(9-10):1457-1466.

WEISHAUPTOVÁ Z,PŘIBYL O,SÝKOROVÁ I,et al.，2015. Effect of bituminous coal properties on carbon dioxide and methane high pressure sorption[J]. Fuel,139:115-124.

WENIGER P,KALKREUTH W,BUSCH A,et al.，2010. High-pressure methane and carbon dioxide sorption on coal and shale samples from the Paraná Basin,Brazil[J]. International journal of coal geology,84(3-4):190-205.

WENIGER P,FRANCŮ J,HEMZA P,et al.，2012. Investigations on the methane and carbon dioxide sorption capacity of coals from the SW upper silesian coal basin,czech republic[J]. International journal of coal geology, 93:23-39.

WHITE C M,SMITH D H,JONES K L,et al. ,2005. Sequestration of carbon dioxide in coal with enhanced coalbed methane recovery a review[J]. Energy & fuels,19(3):659-724.

WOOD G O,2001. Affinity coefficients of the Polanyi/Dubinin adsorption isotherm equations:A review with compilations and correlations[J]. Carbon, 39(3):343-356.

WU D,LIU X,SUN K,et al. ,2019. Experiments on supercritical CO_2 adsorption in briquettes[J]. Energy sources,Part A:Recovery,utilization,and environmental effects,41(8):1005-1011.

YAMAGUCHI S,OHGA K,FUJIOKA M,et al. ,2006. Field test and history matching of the CO_2 sequestration project in coal seams in Japan[J]. International journal of the society of materials engineering for resources,13(2): 64-69.

YAMAZAKI T,ASO K,CHINJU J,2006. Japanese potential of CO_2 sequestration in coal seams[J]. Applied energy,83(9):911-920.

YANG R,HE S,HU Q,et al. ,2016. Pore characterization and methane sorption capacity of over-mature organic-rich Wufeng and Longmaxi shales in the southeast Sichuan Basin,China[J]. Marine and petroleum geology,77: 247-261.

YE J,2014. Study and pilot test for enhanced CBM recovery by injecting CO_2 into well groups of deep coal reservoirs in Qinshui Basin[C]//TANG D. Proceedings of international academic symposium on deep coalbed methane. Beijing:Geological publishing house:168-182.

YU H,ZHOU G,FAN W,et al. ,2007. Predicted CO_2 enhanced coalbed methane recovery and CO_2 sequestration in China[J]. International journal of coal geology,71(2):345-357.

ZHANG J,LIU K,CLENNELL M B,et al. ,2015. Molecular simulation of CO_2-CH_4 competitive adsorption and induced coal swelling[J]. Fuel,160: 309-317.

ZHANG D,CUI Y,LIU B,et al. ,2011. Supercritical pure methane and CO_2 adsorption on various rank coals of China:Experiments and modeling[J]. Energy & fuels,25(4):1891-1899.

ZHANG X,DU Z,LI P,2017. Physical characteristics of high-rank coal reservoirs in different coal-body structures and the mechanism of coalbed methane production[J]. Science china earth sciences,60(2):246-255.

ZHAO X,LIAO X,HE L,2015. The evaluation methods for CO_2 storage in coal beds,in China[J]. Journal- energy institute,89(3):389-399.

ZHOU F,HOU W,ALLINSON G,et al.,2013. A feasibility study of ECBM recovery and CO_2 storage for a producing CBM field in Southeast Qinshui Basin,China[J]. International journal of greenhouse gas control,19:26-40.

ZHOU F,LIU S,PANG Y,et al.,2015. Effects of coal functional groups on adsorption microheat of coal bed methane[J]. Energy & fuels, 29(3): 1550-1557.

ZHOU L,ZHOU Y,LI M,et al.,2000. Experimental and modeling study of the adsorption of supercritical methane on a high surface activated carbon [J]. Langmuir,16(14):5955-5959.

ZHOU L,ZHOU Y,BAI S,et al.,2002. Studies on the transition behavior of physical adsorption from the Sub-to the supercritical region:Experiments on Silica Gel[J]. Journal of colloid & interface science,253(1):9-15.

ZHOU L,BAI S,SU W,2003. Comparative study of the excess versus absolute adsorption of CO_2 on superactivated carbon for the near-Critical region[J]. Langmuir,19(7):97-100.

ZHOU S,XUE H,NING Y,et al.,2018. Experimental study of supercritical methane adsorption in Longmaxi shale:Insights into the density of adsorbed methane[J]. Fuel,211:140-148.

ZHOU Y,ZHOU L,2009. Fundamentals of high pressure adsorption[J]. Langmuir,25(23):13461-13466.

陈金刚,张景飞,2007. 构造对高煤级煤储层渗透率的系统控制效应——以沁水盆地为例[J]. 天然气地球科学,18(1):134-136.

陈磊,姜振学,纪文明,等,2016.陆相页岩微观孔隙结构特征及对甲烷吸附性能的影响[J].高校地质学报,(22):343.

陈世达,汤达祯,陶树,等.沁南—郑庄区块深部煤层气"临界深度"探讨[J].煤炭学报,2016,41(12):3069-3075

陈霞,刘洪林,王红岩,等,2011.沁水盆地含水煤层气藏的气体渗流特征[J].石油学报,32(3):500-503.

代世峰,张贝贝,朱长生,等,2009.河北,开滦矿区晚古生代煤对 CH_4/CO_2 二元气体等温吸附特性[J].煤炭学报,34(5):577-582.

范泓澈,黄志龙,袁剑,等,2011.高温高压条件下甲烷和二氧化碳溶解度试验[J].中国石油大学学报(自然科学版),(2):6-11,19.

付晓龙,戴俊生,张丹丹,等,2017.沁水盆地柿庄北区块3号煤层裂缝预测[J].煤田地质与勘探,45(1):56-61.

傅雪海,秦勇,李贵中,等,2001.山西沁水盆地中、南部煤储层渗透率影响因素[J].地质力学学报,(1):47-54.

傅雪海,秦勇,韦重韬.煤层气地质学[M].徐州:中国矿业大学出版社,2007.

高和群,韦重韬,申建,等,2011.沁水盆地南部含气饱和度特征及控制因素分析[J].煤炭科学技术,(2):99-102.

高丽军,谢英刚,潘新志,等,2018.临兴深部煤层气含气性及开发地质模式分析[J].煤炭学报,43(6):1634-1640.

耿昀光,汤达祯,许浩,等,2017.安泽区块煤储层孔裂隙特征及水敏效应损害机理[J].煤炭科学技术,45(5):175-180.

郭慧,王延斌,倪小明,等,2016.高岭石与水、CO_2作用后硅元素、铝元素溶出动力学研究[J].中国矿业大学学报,45(3):162-167.

韩思杰,桑树勋,梁晶晶,2018.沁水盆地南部中高阶煤高压甲烷吸附行为[J].煤田地质与勘探,46(5):13-21+28.

侯宇光,何生,易积正,等,2014.页岩孔隙结构对甲烷吸附能力的影响[J].石油勘探与开发,41(2):248-256.

侯月华,姚艳斌,钟林华,等,2017.沁水盆地安泽地区煤层气富集主控地质因素[J].煤田地质与勘探,(6):60-65.

黄强,傅雪海,张庆辉,等,2019.沁水盆地中高煤阶煤储层覆压孔渗试验研究[J].煤炭科学技术,(6):164-170.

黄思静,黄培培,黄可可,等,2010.碳酸盐倒退溶解模式的化学热力学基础——与H_2S有关的溶解介质及其与CO_2的对比[J].沉积学报,(1):4-12.

黄晓明,孙强,闫冰夷,等,2010.山西沁水盆地柿庄北地区煤层气潜力[J].中国煤层气,7(5):3-9.

贾秉义,晋香兰,李建武,等,2015.低煤级煤储层游离气含量计算:以准噶尔盆地东南缘为例[J].煤田地质与勘探,43(2):33-36.

姜波,琚宜文,2004.构造煤结构及其储层物性特征[J].天然气工业,24(5):27-29.

姜凯,李治平,窦宏恩,等,2016.沁水盆地二氧化碳埋存潜力评价模型[J].特种油气藏,23(2):112-114.

降文萍,崔永君,张群,等,2007a.不同变质程度煤表面与甲烷相互作用的量子化学研究[J].煤炭学报,32(3):70-73.

降文萍,崔永君,钟玲文,等,2007b.煤中水分对煤吸附甲烷影响机理的理论研究[J].天然气地球科学,18(4):576-579.

景兴鹏,2012.沁水盆地南部储层压力分布规律和控制因素研究[J].煤炭科学技术,40(2):116-120.

琚宜文,侯泉林,范俊佳,2008.沁水盆地构造演化与煤层气成藏条件[J].矿物岩石地球化学通报,27(s1):77-78.

琚宜文,姜波,侯泉林,等,2004.构造煤结构——成因新分类及其地质意义[J].煤炭学报,5:3-7.

康永尚,孙良忠,张兵,等,2017.中国煤储层渗透率主控因素和煤层气开发对策[J].地质论评,63(5):1401-1418.

李梦溪,刘庆昌,张建国,等,2010.构造模式与煤层气井产能的关系——以晋城煤区为例[J].天然气工业,30(11):10-13.

李小春,方志明,2007.中国 CO_2 地质埋存关联技术的现状[J].岩土力学,28(10):2229-2233.

李月,林玉祥,于腾飞,2011.沁水盆地构造演化及其对游离气藏的控制作用[J].桂林理工大学学报,31(4):481-487.

李振涛,姚艳斌,周鸿璞,等,2012.煤岩显微组成对甲烷吸附能力的影响研究[J].煤炭科学技术,40(8):125-128.

李子文,林柏泉,郝志勇,等,2013.煤体孔径分布特征及其对瓦斯吸附的影响[J].中国矿业大学学报,42(6):1047-1053.

蔺亚兵,马东民,刘钰辉,等,2012.温度对煤吸附甲烷的影响实验[J].煤田地质与勘探,(6):24-28.

刘飞,2007.山西沁水盆地煤岩储层特征及高产富集区评价[D].成都:成都理工大学.

刘洪林,王红岩,赵国良,等,2005.燕山期构造热事件对太原西山煤层气高产富集影响[J].天然气工业,25(1):29-32.

刘娜,康永尚,李喆,等,2018.煤岩孔隙度主控地质因素及其对煤层气开发的影响[J].现代地质,32(5):104-115.

刘珊珊,孟召平,2015.等温吸附过程中不同煤体结构煤能量变化规律[J].煤炭学报,40(6):1422-1427.

刘延锋,李小春,白冰,2005.中国 CO_2 煤层储存容量初步评价[J].岩石力学与工程学报,24(16):2947-2952.

卢守青,王亮,秦立明,2014.不同变质程度煤的吸附能力与吸附热力学特征分析
[J].煤炭科学技术,42(6):130-135.

马志宏,郭勇义,吴世跃,2001.注入二氧化碳及氮气驱替煤层气机理的实验研究
[J].太原理工大学学报,32(4):335-338.

毛港涛,赖枫鹏,木卡旦斯·阿克木江,等,2018.沁水盆地赵庄井田煤层气储层
水锁伤害影响因素[J].天然气地球科学,29(11):99-107.

孟庆春,张永平,郭希波,等,2011.沁水盆地南部高煤阶煤层气评价工作及其成
效:以郑庄—樊庄区块为例[J].天然气工业,31(11):14-17.

孟召平,刘珊珊,王保玉,等,2015.不同煤体结构煤的吸附性能及其孔隙结构特
征[J].煤炭学报,40(8):1865-1870.

倪小明,于芸芸,王延斌,等,2014.伊利石中 Si/Al 元素在碳酸溶液中溶解的动
力学特征[J].天然气工业,34(8):20-26.

聂百胜,何学秋,王恩元,等,2004.煤吸附水的微观机理[J].中国矿业大学学报,
33(4):379-383.

欧阳雄,2018.超临界 CO_2 注入无烟煤储层的存储容量评价方法研究[D].徐州:
中国矿业大学.

秦勇,姜波,王继尧,等,2008.沁水盆地煤层气构造动力条件耦合控藏效应[J].
地质学报,82(10):1355-1362.

曲希玉,刘立,高玉巧,等,2008.砂岩中片钠铝石的特征及其稳定性研究[J].地
质论评,54(6):837-844.

任战利,肖晖,刘丽,等,2005.沁水盆地中生代构造热事件发生时期的确定[J].
石油勘探与开发,32(1):43-47.

桑树勋,朱炎铭,张井,等,2005a.煤吸附气体的固气作用机理(Ⅱ):煤吸附气体
的物理过程与理论模型[J].天然气工业,25(1):16-18.

桑树勋,朱炎铭,张井,等,2005b.液态水影响煤吸附甲烷的实验研究:以沁水盆
地南部煤储层为例[J].科学通报,50(S1):70-75.

桑树勋,朱炎铭,张时音,等,2005c.煤吸附气体的固气作用机理(Ⅰ):煤孔隙结
构与固气作用[J].天然气工业,25(1):13-15.

桑树勋,2018.二氧化碳地质存储与煤层气强化开发有效性研究述评[J].煤田地
质与勘探,46(5):1-9.

邵龙义,肖正辉,汪浩,等,2008.沁水盆地石炭—二叠纪含煤岩系高分辨率层序
地层及聚煤模式[J].地质科学,43(4):777-791.

申建,秦勇,张春杰,等,2016.沁水盆地深煤层注入 CO_2 提高煤层气采收率可行
性分析[J].煤炭学报,41(1):156-161.

宋岩,柳少波,琚宜文,等,2013.含气量和渗透率耦合作用对高丰度煤层气富集区的控制[J].石油学报,34(3):417-426.

苏现波,陈润,林晓英,等,2008.吸附势理论在煤层气吸附/解吸中的应用[J].地质学报,82(10):1382-1389.

孙粉锦,王勃,李梦溪,等,2014.沁水盆地南部煤层气富集高产主控地质因素[J].石油学报,35(6):1070-1079.

孙家广,2017.深部无烟煤储层 CO₂-ECBM 的超临界 CO₂ 吸附封闭机理[D].硕士学位论文,徐州:中国矿业大学.

孙占学,张文,胡宝群,等,2006.沁水盆地大地热流与地温场特征[J].地球物理学报,49(1):130-134.

孙占学,张文,胡宝群,等,2005.沁水盆地地温场特征及其与煤层气分布关系[J].科学通报,(B10):93-98.

唐书恒,汤达祯,杨起,2004.二元气体等温吸附实验及其对煤层甲烷开发的意义[J].地球科学,29(2),15:219-223.

唐书恒,杨起,汤达祯,等,2002.注气提高煤层甲烷采收率机理及实验研究[J].石油实验地质,24(6):545-549.

王勃,2013.沁水盆地煤层气富集高产规律及有利区块预测评价[D].博士学位论文,中国矿业大学.

王烽,汤达祯,刘洪林,等,2009.利用 CO₂-ECBM 技术在沁水盆地开采煤层气和埋藏 CO₂ 的潜力[J].天然气工业,29(4):117-120.

王红岩,2005.山西沁水盆地高煤阶煤层气成藏特征及构造控制作用[D].博士学位论文,中国地质大学(北京).

王金,康永尚,姜杉钰,等,2016.沁水盆地寿阳区块煤层气井产水差异性原因分析及有利区预测[J].天然气工业,36(8):52-59.

卫明明,琚宜文,2015.沁水盆地南部煤层气田产出水地球化学特征及其来源[J].煤炭学报(3):147-153.

吴建光,叶建平,唐书恒,2004.注入 CO₂ 提高煤层气产能的可行性研究[J].高校地质学报,10(3):463-467.

谢振华,陈绍杰,2007.水分及温度对煤吸附甲烷的影响[J].北京科技大学学报,(S2):42-44.

徐占杰,刘钦甫,郑启明,等,2016.沁水盆地北部太原组煤层气碳同位素特征及成因探讨[J].煤炭学报,41(06):1467-1475.

许志刚,陈代钊,曾荣树,等,2009.CO₂ 地下地质埋存原理和条件[J].西南石油大学学报,31(1):91-97.

杨宏民,王兆丰,任子阳,2015.煤中二元气体竞争吸附与置换解吸的差异性及其置换规律[J].煤炭学报,(7):1550-1554.

杨起,汤达祯,2000.华北煤变质作用对煤含气量和渗透率的影响[J].地球科学,(3):55-59+115.

姚素平,汤中一,谭丽华,等,2012.江苏省 CO_2 煤层地质封存条件与潜力评价[J].高校地质学报,18(2):203-214.

叶建平,张兵,Wong S,2012.山西沁水盆地柿庄北区块 3# 煤层注入埋藏 CO_2 提高煤层气采收率试验和评价[J].中国工程科学,(2):40-46.

叶建平,张兵,韩学婷,等,2016.深煤层井组 CO_2 注入提高采收率关键参数模拟和试验[J].煤炭学报,(1):149-155.

叶建平,张守仁,凌标灿,等,2014.煤层气物性参数随埋深变化规律研究[J].煤炭科学技术,42(6):35-39.

叶建平,秦勇,林人扬,1998.中国煤层气资源[M].徐州:中国矿业大学出版社.

伊伟,熊先钺,卓莹,等,2017.韩城矿区煤储层特征及煤层气资源潜力[J].中国石油勘探,22(6):78-86.

张春杰,申建,秦勇,等,2016.注 CO_2 提高煤层气采收率及 CO_2 封存技术[J].煤炭科学技术,(6):205-210.

张洪涛,文冬光,李义连,等,2005.中国 CO_2 地质埋存条件分析及有关建议[J].地质通报,24(12):1107-1110.

张璐,林玉祥,于剑峰,等,2012.沁水盆地郑庄区块山西组的沉积特征[J].海洋地质前沿,28(10):40-44.

张庆玲,张群,张泓,等,2004.我国不同时代不同煤级煤的吸附特征[J].煤田地质与勘探,32(s1):68-72.

张庆玲,2007.不同煤级煤对二元混合气体的吸附研究[J].石油实验地质,29(4):436-440.

张群,杨锡禄,1999.平衡水分条件下煤对甲烷的等温吸附特性研究[J].煤炭学报,(6):566-570.

张群,桑树勋,钟玲文,等,2013.煤储层吸附特征及储气机理[M].北京:科学出版社.

张天军,许鸿杰,李树刚,等,2009.温度对煤吸附性能的影响[J].煤炭学报,(6):802-805.

张晓东,桑树勋,秦勇,等,2005.不同粒度的煤样等温吸附研究[J].中国矿业大学学报,34(4):427-432.

张晓阳,2018.郑庄区块煤层气直井定量化排采制度优化模型[D].徐州:中国矿业大学.

张新民,韩保山,李建武,2006.褐煤煤层气储集特征及气含量确定方法[J].煤田地质与勘探,34(3):28-31.

张新民,2002.中国煤层气地质与资源评价[M].北京:科学出版社.

赵东,冯增朝,赵阳升,2014.基于吸附动力学理论分析水分对煤体吸附特性的影响[J].煤炭学报,39(3):518-523.

郑长远,张徽,贾小丰,等,2016.我国含煤层气盆地 CO_2 地质储存潜力评价[J].煤炭工程,48(8):106-109.

中联煤层气有限责任公司,阿尔伯达技术研究,2008.中国二氧化碳注入提高煤层气采收率先导性试验技术[M].北京:地质出版社.

钟玲文,张新民,1990.煤的吸附能力与其煤化程度和煤岩组成间的关系[J].煤田地质与勘探,4:29-35.

周动,冯增朝,赵东,等,2016.煤表面非均匀势阱吸附甲烷特性数值模拟[J].煤炭学报,41(8):1968-1975.

周来,冯启言,李向东,等,2007.深部煤层对 CO_2 地质处置机制及应用前景[J].地球与环境,35(1):9-14.

朱庆忠,张小东,杨延辉,等,2018.影响沁南—中南煤层气井解吸压力的地质因素及其作用机制[J].中国石油大学学报(自然科学版),226(2):47-55.